无机化学标准化实验

主　编　齐学洁　杨爱红

副主编　张　毅　赵培莉　张师愚　李遇伯

编　委　齐学洁　杨爱红　张师愚　李遇伯
　　　　张　毅　赵培莉　王　熙　段莉莉

人民卫生出版社
·北　京·

图书在版编目（CIP）数据

无机化学标准化实验 / 齐学洁，杨爱红主编 . —北京：人民卫生出版社，2021.10

基础化学标准化实验系列教材

ISBN 978-7-117-32186-0

Ⅰ.①无⋯　Ⅱ.①齐⋯②杨⋯　Ⅲ.①无机化学 – 化学实验 – 医学院校 – 教材　Ⅳ.①O61-33

中国版本图书馆 CIP 数据核字（2021）第 202911 号

人卫智网	www.ipmph.com	医学教育、学术、考试、健康，购书智慧智能综合服务平台
人卫官网	www.pmph.com	人卫官方资讯发布平台

基础化学标准化实验系列教材

无机化学标准化实验

Jichuhuaxue Biaozhunhua Shiyan Xilie Jiaocai

Wujihuaxue Biaozhunhua Shiyan

主　　编：齐学洁　杨爱红

出版发行：人民卫生出版社（中继线 010-59780011）

地　　址：北京市朝阳区潘家园南里 19 号

邮　　编：100021

E - mail：pmph @ pmph.com

购书热线：010-59787592　010-59787584　010-65264830

印　　刷：三河市潮河印业有限公司

经　　销：新华书店

开　　本：787 × 1092　1/16　　印张：5

字　　数：122 千字

版　　次：2021 年 10 月第 1 版

印　　次：2021 年 10 月第 1 次印刷

标准书号：ISBN 978-7-117-32186-0

定　　价：39.00 元

编写说明

　　化学是以实验为基础的科学,通过科学准确的实验操作得出翔实的实验数据、实验现象和实验结果,对数据、结果进行分析、概括、综合和总结得出化学理论和化学规律,实验为理论的完善和发展提供了依据。化学实验教学在化学课程的教学中占有重要的、不可替代的地位。

　　天津中医药大学在过去30年的化学实验教学实践中积累了大量优秀的教学资源和教学经验,也拥有相当完备的实验教学体系、教学流程,在近十年来的教学改革实践中,不仅改进了总体实验教学体系,编写了创新教材,而且通过引进翻转课堂、问题案例式教学(PBL)等教育改革与实践,逐步探索了一条新的实验教学途径,即开展标准化实验。

　　所谓标准化实验是在教学资源网络化和翻转课堂、PBL的基础上,为了培养学生的实验操作能力和优良的实验素养,最大化地突出以学生为主体,充分调动学生自主学习兴趣而设计的一套自主化的实验教学体系。标准化实验的一大特点是配套了标准化操作的视频资料,要求学生在实验前认真、完整地观看标准化操作的视频资料,回答思考题,查找资料,对可能出现的实验现象做出自己的推测和解释,并书写预习报告。标准化实验的另一个特点是设置学生问题反馈系统,在实验结束后,学生自己检查学习效果,自我反馈,自我纠正,通过自主学习,实现自我完善,在某种程度上也满足了学生自我实现的需求。

　　无机化学标准化实验满足了传统教学方法无法实现上述教学目标的需求,故称之为标准化实验。学生自学、教师检查、学生自查都依赖于实验要求的标准化、基本操作规范的标准化、实验报告书写和成绩评定的标准化、实验内容的标准化、实验教师带教的标准化。基于此,在很大程度上实现了学生实验动手能力和自主学习能力的提高。

编　者

2021年6月

目　录

第一章　无机化学标准化实验的基本要求 ……………………………………… 1

第一节　无机化学标准化实验的学习要求 ……………………………………… 1

一、无机化学标准化实验的目的 ……………………………………………… 1

二、无机化学标准化实验的学习方法 ………………………………………… 2

第二节　无机化学标准化实验的安全要求 …………………………………… 3

一、无机化学标准化实验室的安全工作要求 ………………………………… 3

二、无机化学实验室的安全操作要求 ………………………………………… 3

三、无机化学实验室特殊药品及试剂使用安全要求 ………………………… 4

第三节　实验室意外事故的预防与处理 ……………………………………… 4

一、实验室意外事故的预防 …………………………………………………… 4

二、实验室意外事故的处理 …………………………………………………… 5

第二章　无机化学标准化实验的基本操作规范 …………………………… 6

第一节　常用玻璃仪器的洗涤、干燥及使用 ………………………………… 6

一、常用玻璃仪器的洗涤 ……………………………………………………… 6

二、常用玻璃仪器的干燥 ……………………………………………………… 6

三、常用玻璃仪器的使用 ……………………………………………………… 7

第二节　酒精灯和酒精喷灯的使用 ………………………………………… 10

一、酒精灯 ……………………………………………………………………… 10

二、酒精喷灯 …………………………………………………………………… 11

第三节　加热方法 …………………………………………………………… 12

一、液体加热 …………………………………………………………………… 12

二、固体加热 …………………………………………………………………… 13

第四节　试剂的取用 ………………………………………………………… 14

一、固体试剂的取用 ……………………………… 14

二、液体试剂的取用 ……………………………… 14

第五节　固-液的分离方法 ………………………… 15

一、普通过滤 ……………………………………… 15

二、倾泻法过滤 …………………………………… 16

三、热过滤 ………………………………………… 16

四、减压过滤 ……………………………………… 17

五、离心分离法 …………………………………… 17

第六节　试纸的使用 ……………………………… 18

一、pH 试纸 ……………………………………… 18

二、石蕊试纸 ……………………………………… 18

三、醋酸铅试纸 …………………………………… 18

四、碘化钾淀粉试纸 ……………………………… 19

第七节　电子天平的使用 ………………………… 19

第八节　酸度计的使用 …………………………… 20

第九节　移液器的使用 …………………………… 21

第三章　无机化学标准化实验报告的写法 ……… 22

第一节　无机化学标准化实验报告的书写要求 … 22

第二节　无机化学实验报告书写注意事项 ……… 23

一、关于实验记录 ………………………………… 23

二、实验及实验报告书写规范 …………………… 23

第三节　无机化学标准化实验报告的书写格式 … 23

制备型实验报告的书写格式 ……………………… 24

定性检查型实验报告的书写格式 ………………… 25

定量测定型实验报告的书写格式 ………………… 26

第四章　无机化学标准化实验 …………………… 27

实验一　简单玻璃工操作（3 学时）……………… 27

实验二　醋酸电离度和电离平衡常数的测定（3 学时）…… 32

实验三　硫酸亚铁铵的制备（5 学时）…………… 35

实验四　药用氯化钠的制备（5 学时）…………… 38

实验五　三草酸合铁（Ⅲ）酸钾的制备与性质（5 学时）…… 42

实验六　药用氯化钠的性质及杂质限度检查（4 学时）·· 45

实验七　四大平衡理论的性质实验（6 学时）·· 49

实验八　矿物药的鉴别（4 学时）··· 52

实验九　氯化铅溶度积常数的测定（6 学时）··· 55

实验十　磺基水杨酸合铁（Ⅲ）配合物的组成及稳定常数测定（6 学时）············· 57

实验十一　$CuSO_4 \cdot 5H_2O$ 的制备与提纯·· 61

附录 ··· 64

附录一　实验室常用酸碱指示剂··· 64

附录二　实验室常用缓冲溶液··· 65

附录三　实验室常用酸碱的浓度·· 66

附录四　实验室常用试剂的配制··· 67

附录五　常见的离子和化合物的颜色·· 68

参考书目 ··· 70

第一章
无机化学标准化实验的基本要求

实验技能是药学工作者必备的基本素质,学生实验能力的培养是实验课程的主要目的。然而由于学生在中学应试教育的影响下学习,忽略了实验技能的训练,严重影响了实验技能的培养。

无机化学标准化实验是药学类专业学生的第一门基础实验课程,学生实验的基本操作训练与实验能力的培养是高年级实验甚至是以后掌握新的实验技术的必备基础。因此无机化学标准化实验课对大学新生实验技能的培养起着承上启下的连接作用。

为提高学生的基本操作技能,本章分别从无机化学标准化实验的学习要求、实验室安全要求、实验事故的处理等几个方面进行规范,要求学生在进入实验室前仔细阅读本要求,并能够在实验过程中严格遵守。

第一节 无机化学标准化实验的学习要求

一、无机化学标准化实验的目的

通过无机化学标准化实验课程的学习,使学生在实验现象中形成实验规律,巩固和加深学生对无机化学基本理论、基础知识的理解,进一步掌握常见元素及其化合物的重要性质和反应规律,了解无机化合物的一般提纯和制备方法。

通过无机化学标准化实验课程的学习,对学生进行严格的化学实验基本操作和基本技能的训练,培养学生灵活运用所学理论知识指导实验,熟悉和巩固基本实验操作方法,为从事以后的各科实验打下良好的基础。

通过无机化学标准化实验课程的学习,培养学生独立实验、组织与设计实验的能力。要求学生达到:实验前预习,写出预习报告;实验中细致观察、分析判断实验现象,如实记录实验现象与结果,逐步培养解决实际问题的实验思维能力和动手能力;实验后分析、整理实验数据,正确阐述实验结果,形成独立撰写实验报告的能力。

通过实验,使学生能够通过查阅手册、工具书、互联网以及其他信息源获取必要信息,并运用这些信息独立、正确地设计实验,独立撰写设计方案。

通过实验,使学生达到专业与素质能力的提高,逐步树立"实践第一"的观点,养成实事求是的科学态度和科学的逻辑思维,树立勤俭节约的优良作风、相互协作的团队精神以及勇于开拓的创新意识等科学品德和科学精神。

在实验中逐步培养学生正确、细致、整洁地进行科学实验的良好习惯和环境保护意识,为后续有机化学、分析化学、物理化学、中药化学等课程的学习以及将来从事中药生产、研究工作奠定良好的基础。

二、无机化学标准化实验的学习方法

要达到以上的学习目的,不仅要有正确的学习态度,还需要有正确的学习方法。做好无机化学实验必须掌握以下四个重要步骤:

第一步:预习

实验前的预习,是保证做好实验的一个非常重要的环节,通过预习应达到以下要求:

(1)认真阅读实验教材、观看标准化实验操作的教学视频资料,注重实验教材和理论教材的相互联系,运用理论指导实验。

(2)明确实验的目的。

(3)熟悉实验内容、基本原理、实验步骤、基本操作和注意事项。

(4)认真思考实验教材和标准化操作的教学视频资料中的思考题,对可能出现的实验现象做出自己的推断和解释,对于自己不能解决的问题也可通过小组讨论的方式得出答案。

(5)写好预习报告。

第二步:实验

实验过程中学生应遵守实验室规则,接受教师指导,根据实验教材和标准化操作的教学视频资料上所规定的方法、步骤和试剂用量严格进行操作,并应做到以下几点:

(1)认真操作,细心观察,严格按照各项实验的基本操作规程进行,如实记录实验中观察到的现象和实验数据。

(2)如果得到实验现象或结果和预期不符合,应认真分析原因,及时纠正实验错误,并考虑是否需要重做实验。

(3)实验中遇到疑难问题或突发事件时,要及时向教师汇报。

(4)在实验过程中应该保持肃静,严格遵守实验室工作规则。

第三步:总结

实验结束后,应根据实验现象给出实验结论,或者根据实验数据进行处理和计算,独立完成实验报告,并及时总结自己在实验中的收获和不足,然后交给指导教师评阅。

(1)若实验失败,要及时总结实验失败的原因,找出实验过程中的操作错误和缺点,以免类似问题的再次出现。

(2)若有实验现象、解释、结论、数据等不符合要求,应考虑重做实验;若有抄袭实验报告、篡改实验数据、字迹潦草者重写报告。

(3)实验报告书写时应字迹端正,简明扼要,整齐清洁。

第四步:自查

每个实验结束后都配备有学生问题反馈,通过回答问卷,学生自查本实验的学习效果,达到自我反馈、自我纠正的目的。

第二节 无机化学标准化实验的安全要求

安全教育视频

一、无机化学标准化实验室的安全工作要求

进入实验室后，一切都要遵照实验室工作规则，应做到：

1. 熟悉电源和灭火器的位置，实验室的物品不要堵塞逃生通道。

2. 进入实验室必须穿白大褂，遵守纪律，保持肃静，集中精力，认真操作。严禁在实验过程中随意走动，严禁穿拖鞋进入实验室。

3. 仔细观察各种实验现象，并如实、详细地记录实验。

4. 实验时应保持实验室和桌面清洁整齐，废纸、火柴梗等应放在表面皿上，实验结束后倒入垃圾桶中；实验中的有毒、腐蚀性液体严禁倒入水槽内，应倒入指定液体回收缸内，打碎玻璃仪器要及时补偿，并立即回收放在废玻璃箱内，以免受伤。

5. 爱护财物，小心地使用仪器和实验室设备，注意节约用水用电。

6. 严禁在实验室内吸烟和饮食。

7. 无机化学实验室的化学药品众多，使用时应注意：

（1）药品应按规定量取用，如果实验教材中未规定用量，应注意节约，尽量少用。

（2）取用固体药品时，注意勿使其撒落在实验台上。

（3）药品自瓶中取出后不应倒回原瓶中，以免带入杂质而引起药品变质。

（4）试剂瓶用过后，应立即盖上塞子，并放回原处，以免和其他瓶上的塞子搞错，混入杂质。

（5）同一滴管在未洗净时，不应在不同的试剂瓶中吸取溶液。

8. 使用精密仪器时，必须严格按照操作规程进行操作，细心谨慎，避免粗心大意而损坏仪器。如发现仪器有故障，应立即停止使用并报告指导教师，及时排除故障。

9. 实验后应将仪器洗刷干净，放回指定位置，整理好桌面，把实验台揩净，打扫地面。

10. 离开实验室前要检查水龙头是否关紧、电源插头是否拔掉或闸门是否关闭。实验室内一切物品（仪器药品和产物等）不得带离实验室。离开实验室前，需经指导教师签字。

二、无机化学实验室的安全操作要求

实验室开展实验教学工作，要树立"安全第一"的观念，遵守实验室的各项规章制度和要求，营造安全的工作环境。

基本安全要求如下：

1. 进入实验室不得穿高跟鞋、拖鞋等妨碍逃生的鞋子。

2. 使用酒精灯或者酒精喷灯的实验要戴保护镜。

3. 实验人员的长发要梳理整齐或戴帽，不能披头散发。

4. 实验室内严禁饮食、吸烟，切勿用实验容器代替水杯、餐具使用，绝不允许用舌头舔尝药品的味道。

5. 进入实验室应先熟悉实验室及其周围环境，熟知水闸、电闸、灭火器的位置和逃生通

道,实验室的物品不得堵塞逃生通道。

6. 打碎的玻璃仪器要立即回收放在废玻璃箱内。

7. 使用电器时,不要用湿的手、物去接触电源插座。

8. 使用完试剂后要随手盖紧瓶塞,严禁将各种化学试剂任意混合,自行设计的实验必须经指导教师审核同意后方可进行。

9. 使用酒精灯时应随用随点,不用时及时盖上灯罩,不要用已点燃的酒精灯去点燃别的酒精灯,以免酒精溢出而失火。

10. 加热试管时,不要将试管口对着别人或自己,也不要俯视正在加热的液体,以免被溅出的液体烫伤。

11. 在闻瓶中气体的气味时,鼻子不能直接对着瓶口(或管口),而应用手把少量气体轻轻扇向自己的鼻孔。

12. 要特别注意煤气和天然气的正确使用,严防泄漏。在使用煤气、天然气加热过程中,操作者不得离开现场。煤气、天然气使用完毕后要关好燃气管道的阀门。

13. 使用高压气体钢瓶时,要严格按照操作规程操作。

三、无机化学实验室特殊药品及试剂使用安全要求

1. 使用浓酸、浓碱或其他具有强烈腐蚀性(如 NH_4F,Br_2 等引起皮肤溃烂)的试剂时,要戴手套、防护镜,小心操作,不要俯视容器,以防溅到脸上或皮肤上。如果溅到身上应立即用自来水冲洗,洒在实验台面上应立即用自来水冲洗而后擦净。

2. 对易挥发的有毒或有强烈腐蚀性的液体和有恶臭的气体,应在通风橱中进行操作。

3. 使用剧毒(汞盐、砷化物、氰化物等)药品及腐蚀性液体时应特别小心,用过的废物严禁倒入下水道或废液缸中,应回收或进行特殊处理。

4. 使用易燃、易爆药物及试剂时必须远离火源,敞口操作;使用易挥发药品及试剂时应在通风橱中进行操作。

5. 有机溶剂不得在明火或电炉上直接加热,应在水浴、油浴或电热套中加热,用完后应及时加盖并存放在阴凉通风处。

第三节 实验室意外事故的预防与处理

在实验中如不慎发生意外事故,不要慌张,应沉着、冷静、迅速处理。

一、实验室意外事故的预防

1. 防火

(1) 操作时注意远离火源,切忌将易燃溶剂放在广口容器直火加热;加热必须在水浴中进行,切忌附近有暴露的易燃溶剂时点火。

(2) 进行易燃物质实验时,应当养成先将酒精等易燃物质移开的习惯。

(3) 蒸馏易燃的有机物时,装置不能漏气,如发生漏气,应立即停止加热,检查原因。

(4) 使用大量易燃液体时,应在通风橱内或指定的地方进行,室内应无火源。

(5) 不得把燃着或带有火星的火柴杆或纸条等乱抛乱扔。

（6）直火加热时,实验者不得擅自离开实验室。

2. 防爆

（1）易燃易爆溶剂（如乙醚、汽油等）切勿接近火源。

（2）不能重压或撞击易爆炸固体（如重金属、乙炔化物、苦味酸金属盐、三硝基甲苯等）。

3. 防触电

（1）使用电器前,先了解电器对电源的要求及匹配,选择好相应的插座或导线。

（2）使用时必须检查好线路再插上电源,实验结束时必须先切断电源再拆线路。

二、实验室意外事故的处理

1. 烫伤　轻微烫伤可先用清水冲洗,再搽上烫伤油膏。如果烫伤较重,应立即到医务室医治。

2. 酸腐蚀　在皮肤上,用大量水冲洗,用5%碳酸氢钠溶液洗涤,再涂油膏;在眼睛上,抹去溅在眼睛外面的酸,立即用水冲洗,用洗眼器对准眼睛冲洗,再用稀碳酸氢钠洗涤,最后滴少量麻油;在衣服上,先用水冲洗,再用稀碱水洗,最后用水重新冲洗。

3. 碱腐蚀　在皮肤上,用饱和硼酸溶液或1%醋酸溶液洗涤,再涂上油膏;在眼睛上,擦去眼睛外的碱,用水洗,再用稀酸中和多余的碱,再用水冲洗。

4. 割伤　小伤口可以用清水或生理盐水冲洗,然后再用碘伏消毒,贴上创可贴。如果伤口较大,应立即到医务室医治。

5. 火灾　首先切断电源,关闭煤气,搬开易燃物品。电话报警。对可溶于水的液体着火时,可用湿布或水灭火;对密度小于水的非水溶性的有机试剂着火时,用砂土灭火（不可用水）;如火势较大,可使用 CCl_4 灭火器或 CO_2 泡沫灭火器,但不可用水扑救,因水能和某些化学药品（如金属钠）发生剧烈的反应而引起更大的火灾。如遇电气设备着火,必须使用 CCl_4 灭火器,绝对不能用水或 CO_2 泡沫灭火器。

6. 触电　遇有触电事故,首先应切断电源,然后在必要时进行人工呼吸。

第二章

无机化学标准化实验的基本操作规范

常用玻璃仪器的洗涤、干燥及使用

一、常用玻璃仪器的洗涤

为了使实验得到正确的结果,实验所用的仪器必须是清洁、干净的,有些实验还要求仪器是干燥的。

1. 玻璃仪器的洗涤

（1）试管(或烧杯)使用自来水刷洗干净后再用少量蒸馏水润洗 3 次。

（2）油污明显的可先用合成洗涤剂洗涤,洗涤时将洗涤剂倒入容器中,摇动几分钟后即可将污物洗去。

（3）对一些容积精确、形状特殊、不便刷洗的仪器,可用铬酸洗液(浓硫酸和重铬酸钾饱和溶液等体积配制成)清洗,方法是往仪器内加入少量洗液,将仪器倾斜慢慢转动,使内壁全部用洗液浸润,反复操作数次后把洗液倒回原瓶,然后用自来水清洗,最后用蒸馏水润洗 3 次。

2. 检查仪器是否洗净　检查仪器是否洗净,可加入少量水振荡一下,将水倒出,并将仪器倒置,如果观察仪器透明,器壁不挂水珠,说明已洗净。

二、常用玻璃仪器的干燥

1. 晾干法　利用仪器上残存水分的自然挥发而使仪器干燥(必要时可用薄塑料布覆盖,以防灰尘)。

2. 烤干法　利用加热使水分迅速蒸发而使仪器干净。此法常用于可加热或耐高温的仪器,如试管、烧杯、烧瓶等,注意厚壁瓷质仪器不能烤干。

3. 快干法　将洗净的仪器倒置稍控干,然后注入 3~5ml 能与水互溶且挥发性较大的有机溶剂,常用无水乙醇、丙酮或乙醚等,将仪器转动使溶剂在内壁流动,待内壁全部浸湿倾出溶剂回收,擦干仪器外壁,电吹风吹干。

4. 烘干法 将洗净的仪器倒置稍控干后,放入电烘箱内的隔板上,关好门,调节合适的温度,恒温干燥 30min 即可,注意带有刻度的计量仪器不能使用加热的方法干燥。

5. 气流烘干器 是利用热气流快速烘干玻璃器皿的小型干燥设备。适用于实验室对试管、烧杯等玻璃器皿的快速干燥。是将玻璃仪器倒置其上,经过过滤的洁净热风被送到玻璃仪器的内壁,所以它能高效干燥玻璃仪器。烘干器装有冷热风选择开关,烘干好的玻璃管可用冷风迅速冷却,便于取拿不致灼手,烘干器于玻璃仪器接触的风头为聚四氟乙烯件,极其洁净。一般配有粗、中、细三种干燥管。粗管用于干燥 24 口或更大的玻璃仪器,细管干燥 14 口、19 口及更小的玻璃仪器更为适宜,实验室常用的实验仪器均可使用。另外烘干器不受环境温度的影响,夏季不至过热,冬季仍可高效快干,亦可供某些需低温烘干的特殊用途使用。

三、常用玻璃仪器的使用

1. 试管 试管是用于盛装少量试剂的反应容器,分为普通试管和离心试管两种。普通试管以管口外径(mm)×长度(mm)表示,如 25×150、10×25 等;离心试管以 ml 数表示,主要用于分离少量物质,离心试管不能直接加热,可水浴上加热。

振荡:用拇指、示指和中指持住试管的中上部,试管略微倾斜,手腕用力左右振荡或用中指轻轻敲打试管。

加热:可用试管夹夹住试管的中上部直接进行加热,加热液体时试管口稍微向上倾斜,管口不要对着自己或旁人,以防液体喷出将人灼伤,如图 1 所示;加热固体时,通常要将试管固定在铁架台上加热,试管口稍微向下倾斜,以免凝结在试管口上的水珠回流到灼热的试管底,使试管破裂,如图 2 所示。

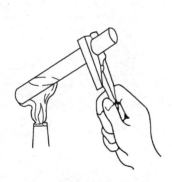
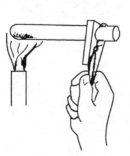
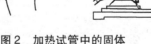

图 1 加热试管中的液体 　　　　图 2 加热试管中的固体

2. 量筒 量筒是用来粗略量取液体体积的一种玻璃仪器,一般规格以所能度量的最大容量表示,常用的有 10ml、20ml、25ml、50ml、100ml、250ml、500ml、1 000ml 等多种规格。

量筒的选择:实验中应根据所取液体的体积,尽量选用能一次量取的最小规格量筒。

液体的量取:左手拿住量筒,使量筒略倾斜,右手拿试剂瓶,标签对准手心。使瓶口紧挨着量筒口,让液体缓缓流入,待流入的量比所需要的量稍少(约差 1ml)时,应改用胶头滴管逐滴加入到所需要的量。

体积读数:注入一定体积的液体后,要稍微停留片刻,使附着在内壁上的液体流下来后再读取刻度值,否则读出的数值将偏小。读数时视线、刻度线与量筒内液体的凹液面最低处三者保持水平(图3),否则读数会偏高或偏低。

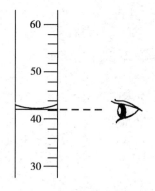

图 3　观察液体刻度的方法

3. 容量瓶　容量瓶是配制一定物质的量浓度的标准溶液或样品溶液的精密量器,它是一种细颈梨形的平底玻璃瓶。容量瓶带有磨口玻璃塞,颈部刻有环形标线,表示在20℃时溶液至标线时的容积,通常有 10ml、25ml、50ml、100ml、500ml 和 1 000ml 等多种规格,并有白色和棕色两种,棕色瓶常用来盛装见光易分解的溶液。

检漏:放入自来水至标线附近,按住瓶塞,把瓶倒立 2min,观察瓶塞周围是否有水渗出,如果不漏,将瓶直立,把瓶塞转动约180°后,再倒立过来试一次,如图 4 所示。

洗涤:先用自来水清洗几次,内壁不挂水珠后用蒸馏水润洗三次,为避免浪费,每次用蒸馏水 15~20ml 左右。配制非水溶剂的溶液时,应将容量瓶干燥后再使用。

定量转移:如将固体物质配制成溶液,应先将称量好的固体放在烧杯中,然后加适量溶剂搅拌溶解,再将溶液定量转移至容量瓶中,转移时,要使玻璃棒的下端靠近瓶颈内壁,使溶液沿壁流下,溶液全部流完后,将烧杯轻轻沿玻璃棒上提,同时直立,使附着在玻璃棒与烧杯嘴之间的溶液流回到烧杯中,然后用少量溶剂洗涤烧杯三次,洗涤液同法转入容量瓶并混匀溶液(图5)。一般选择规格相同的烧杯和容量瓶配套使用,即配制 100ml 溶液,选择 100ml 容量瓶和 100ml 烧杯。

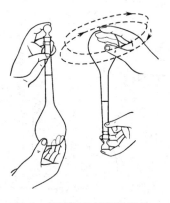

图 4　容量瓶的试漏与洗涤

图 5　液体的定量转移

定容:加溶剂至接近标线时,左手拿容量瓶的刻度线上位置,使容量瓶的刻度线与视线相平,右手拿胶头滴管沿内壁逐滴加入溶剂,直至溶液的弯月面与标线相切为止。

摇匀:盖上容量瓶塞,右手握容量瓶底部,左手手心抵住瓶塞,反复颠倒并旋转容量瓶,使溶液均匀。

【注意事项】

(1) 容量瓶与塞子要配套使用,也避免容量瓶塞张冠李戴或掉落打碎,一般使用前用橡皮筋或线绳固定塞子。

（2）容量瓶不可长期盛放配制好的溶液,如需长期存放,应该转移到干净的磨口试剂瓶中,贴好标签。

（3）容量瓶如果长期不用时,应该洗净,把塞子用纸垫上,以防时间久后塞子打不开。

4. 比色管 比色管是无机化学实验中用于目视比色、比浊分析实验的主要仪器,其外形与普通试管相似,但比试管多两条精确的刻度线,并配有磨口玻璃塞(如图 6 所示),常见规格有 10ml、25ml 和 50ml 三种。

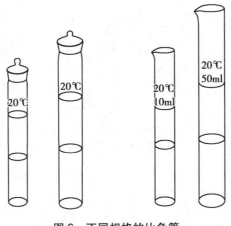

图 6 不同规格的比色管

使用比色管时要选择管径一致、同一厂家、同一批次购买、规格完全相同的两支比色管,按照实验要求分别加入标准溶液和待测溶液,使用蒸馏水稀释至刻度线处,盖上塞子振荡摇匀,然后并列放在比色管架上,将两支比色管置于光线明亮的实验台上,从比色管的正上方观察管内液体的颜色或浑浊度差异。

【注意事项】

（1）比色管不是试管,不能直接加热,而且管壁较薄,使用时要轻拿轻放。

（2）同一比色试验中要使用同种规格的比色管,并且比色管与磨口塞配套使用。

（3）清洗比色管时不能用硬毛刷刷洗,以免磨伤管壁影响透光度。

（4）比色管塞与比色管是配对出现,一旦塞子损坏要更换新的比色管。

5. 移液管 移液管(包括吸量管)是用来准确移取一定体积的溶液的量器,它是一根中间有一膨大部分的细长玻璃管,一般与万分之一天平、容量瓶、滴定管配合使用。其下端为尖嘴状,上端管颈处刻有一条标线,是所移取的准确体积的标志(如图 7 所示)。常用的移液管有 1ml、2ml、5ml、10ml、25ml 和 50ml 等规格,所移取的体积通常可准确到 0.01ml。

【操作步骤】

（1）洗涤:水洗→蒸馏水润洗→溶液润洗。

溶液润洗时如有较多溶液,可将溶液注入洁净且干燥,或洗净的用少量溶液润洗三次后的小烧杯中,润洗洗净的移液管三次;若无较多的溶液润洗小烧杯时,只有用滤纸将洗净的移液管外壁擦干、将内壁的水尽量吸干后,再伸入溶液中吸取少量溶液润洗移液管三次。

（2）取液:一般右手操作移液管,左手操作洗耳球。将移液管插入待取溶液,捏紧洗耳球,利用真空吸入溶液,当溶液吸至标线(零位)以上时,用右手示指按住管口,抬起移液管至

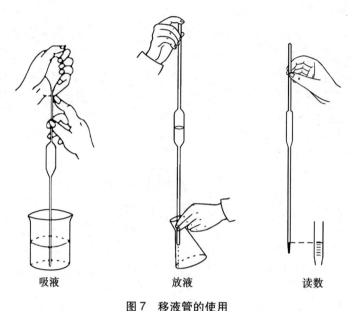

吸液　　　　　　　放液　　　　　　　读数

图7　移液管的使用

离开液面。

（3）调零:移液管垂直,使溶液的原容器稍倾斜,管尖靠容器壁,稍松示指,使液面缓慢下降,直至液面的弯月面与标线(零位)相切,立即按紧示指。

（4）擦干:将移液管离开原容器,用滤纸擦干管壁下端。

（5）放液:将接受溶液的容器稍倾斜,并将移液管垂直、管尖靠容器壁,放松示指,使溶液自由流出,流完后静待15秒(黏度大的溶液适当延长时间)。

【注意事项】

（1）应尽量选取与所需待取溶液体积一致的移液管,避免多次移取带来的累积误差。待取溶液体积太大或不为整数,才采用多次移取或不得不使用吸量管。

（2）使用吸量管移取溶液制备两份样品时,不得将吸量管内前次剩余的溶液继续放出制备第二份样品,应重新调零,以避免误差。

（3）注意不要污染待取溶液。

（4）残留于移液管尖的液体不必吹出。要领:垂直靠壁15秒。

第二节 酒精灯和酒精喷灯的使用

一、酒精灯

酒精灯是无机化学实验室中最常用的加热器材,由灯罩、灯芯和灯壶三部分组成,如图8所示。酒精灯的加热温度一般在400~500℃,适用于温度不太高的实验。

检查:使用前要先检查灯芯,如果灯芯不齐、太短或烧焦,要进行修整或更换。

加入酒精:酒精不能装得太少或太满,一般不少于总容量的1/4且不超过2/3。

点燃:使用火柴点燃,绝不能用燃着的酒精灯点燃(图9),否则易引起火灾。

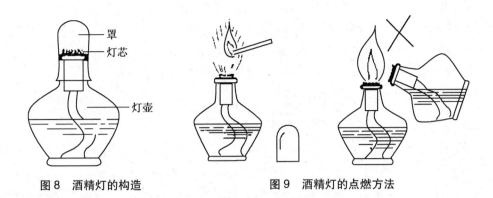

图 8　酒精灯的构造　　　　　　　图 9　酒精灯的点燃方法

熄灭:熄灭酒精灯的火焰时,切勿用嘴去吹,只要将灯罩盖上即可使火焰熄灭,然后再提起灯罩;待灯口稍冷再盖上灯罩,这样可以防止灯口破裂。

二、酒精喷灯

酒精喷灯的构造如图 10 所示,加热温度可达 1 200℃左右,其中焰心温度低,约为 300℃;还原焰温度较高,火焰呈淡蓝色;氧化焰温度最高,火焰呈淡紫色(图 11)。

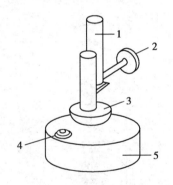

图 10　酒精喷灯的构造
1. 灯管;2. 空气调节器;3. 预热盘;
4. 铜帽;5. 酒精壶。

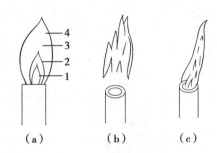

图 11　酒精喷灯的火焰
(a)正常火焰;(b)临空火焰;(c)侵入火焰;
1. 焰心;2. 还原焰;3. 最高温;4. 氧化焰。

检查:使用前首先检查酒精喷灯罐底是否凹陷(酒精喷灯的罐底是安全阀),如果凸出则喷灯不能使用,需要更换新的喷灯。

通孔:使用前检查喷气孔是否通畅,如不畅通需用细针通一通。

加入酒精:加入酒精的量应在灯身容积的 $\frac{1}{4} \sim \frac{3}{4}$ 之间,过多会喷出酒精,过少则会使灯芯烧焦。

点燃:酒精喷灯应放在石棉板上点燃,严禁直接放在实验台上进行加热。预热盘内添加酒精以刚好注满预热盘为准,过多会溢出,点燃时火焰蔓延到实验台上。

熄灭:喷灯工作不能超过半小时,使用完后用湿抹布将喷气孔盖上,隔绝空气酒精喷灯即熄灭。

【注意事项】

（1）绝不能在灯身尚热的情况下往预热盘内或灯身内添加酒精。

（2）注入完酒精后及时拧紧活塞,以防止漏液而引起火灾。

（3）直接使用酒精喷灯加热过的物品不要用手触摸,防止烫伤。

第三节　加热方法

一、液体加热

当加热液体时,液体不宜超过容器总容量的一半,一般的加热方式主要有直接加热和间接加热。

1. 直接加热　用试管夹夹住试管的中上部,试管应稍微向上倾斜,加热前先预热,再集中加热液体的中上部,否则将使液体局部受热骤然产生蒸气,液体直接冲出管外;加热时不要将试管口对着人,以免溶液溅出时把人烫伤。

烧杯或烧瓶加热:对烧杯或烧瓶中的液体加热时,应将玻璃仪器放在石棉网上,否则容易因受热不均而破裂(图12)。

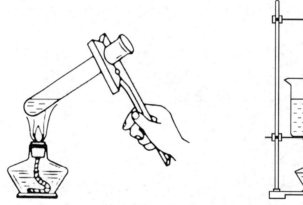

图12　直接加热方法

2. 间接加热　为了保证加热均匀,一般使用热浴进行间接加热。作为传热的介质有空气、水、有机液体、熔融的盐和金属等,根据加热温度、升温的速度等需要,常用水浴、油浴和砂浴以及电热套加热等,另外考虑到大多数有机化合物包括有机溶剂都是易燃易爆物,所以在实验室安全规则中也规定禁止用明火直接加热(特殊需要除外),所以以上几种间接加热方式也是有机实验经常采用的方式。

（1）水浴:当加热的温度不超过100℃时,最好使用水浴加热较为方便。但是必须强调:当用到金属钾、钠的操作以及无水操作时,绝不能在水浴上进行,否则会引起火灾或使实验失败,使用水浴时勿使容器触及水浴器壁及其底部。由于水浴的不断蒸发,适当时要添加热水,使水浴中的水面经常保持稍高于容器内的液面。电热多孔恒温水浴,使用起来较为方便。

（2）油浴:当加热温度在100~200℃时,宜使用油浴,优点是使反应物受热均匀,反应物的温度一般低于油浴温度20℃左右。常用的油浴有：

甘油：可以加热到140~150℃，温度过高时则会碳化。

植物油：如菜油、花生油等，可以加热到220℃，常加入1%对苯二酚等抗氧化剂，便于久用。若温度过高时分解，达到闪点时可能燃烧起来，所以使用时要小心。

液体石蜡：可以加热到200℃左右，温度稍高并不分解，但较易燃烧。

硅油：硅油在250℃时仍较稳定，透明度好，安全，是目前实验室里较为常用的油浴之一，但其价格较贵。

【注意事项】

使用油浴加热时要特别小心，防止着火，当油浴受热冒烟时，应立即停止加热，油浴中应挂一温度计，可以观察油浴的温度和有无过热现象，同时便于调节控制温度，温度不能过高，否则受热后有溢出的危险。使用油浴时要竭力防止产生可能引起油浴燃烧的因素。

加热完毕取出反应容器时，仍用铁夹夹住反应器离开油浴液面悬置片刻，待容器壁上附着的油滴完后，再用纸片或干布擦干器壁。

（3）砂浴：一般用铁盆装干燥的细海砂（或河砂），把反应器埋在砂中，特别适用于加热温度在220℃以上者。但砂浴传热慢，升温较慢，且不易控制。因此，砂层要薄一些，砂浴中应插入温度计，温度计水银球要靠近反应器。

（4）电热套：电热套是用玻璃纤维包裹着的电热丝组成帽状的加热器，由于不是使用明火，因此不易着火，并且热效应高，加温温度用调压变压器控制，最高温度可达400℃左右，是有机实验室中常用的一种简便、安全的加热装置。需要强调的是，当一些易燃液体（如酒精、乙醚等）洒在电热套上，仍有引起火灾的危险。

二、固体加热

加热试管中的固体时，必须使试管口稍微向下倾斜（图13），以免凝结在试管上的水珠流到灼热的管底，而使试管炸破。当加热较多的固体时，可把固体放在蒸发皿中进行，但应注意充分搅拌，使固体受热均匀。

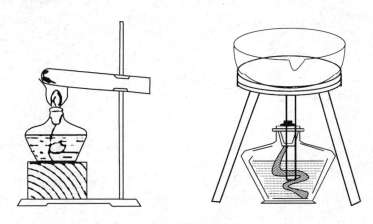

图13 固体加热方法

【注意事项】

试管、烧杯、瓷蒸发皿等器皿能承受一定的温度，但不能骤冷或骤热，因此加热前必须将器皿外壁的水擦干,加热后不能立即与潮湿的物体接触。

第四节　试剂的取用

一、固体试剂的取用

取用试剂前,应看清标签,取用时,先打开瓶塞,将瓶塞倒放在实验台上,不能用手接触化学试剂,用完试剂后,一定要把瓶塞盖严,绝不允许将瓶塞"张冠李戴",然后把试剂瓶放回原处。

（1）使用清洁、干燥的药匙量取试剂,用过的药匙必须洗净晾干存放在干净的器皿中。

（2）多取的药品不能倒回原瓶中,可放在指定的容器中。

（3）要求取用一定质量的固体试剂时,应把固体放在称量纸上称量,具有腐蚀性或易潮解的固体必须放在表面皿上或玻璃容器内称量。

（4）往试管（特别是湿试管）中加入粉末状固体试剂时,可用药匙或将取出的药品放在对折的纸片上,伸进平放的试管中约 2/3 处,然后直立试管,使药剂放下去（图14）。

（5）加入固体时,应将试管倾斜,使其沿管壁慢慢滑下,不得垂直空投,以免击破管壁。

（6）固体的颗粒较大时,可在洁净而干燥的研钵中研碎,然后取用。

（7）有毒的药品要在教师指导下取用。

二、液体试剂的取用

取用液体试剂时应左手持试管,右手持试剂瓶（注意:试剂标签应向手心避免试剂沾污标签）,慢慢将液体注入试管（图15）。倒完后,应将试剂瓶口在容器壁上靠一下,再将瓶子竖直,以免试剂流至瓶的外壁。如果是平顶塞子,取出后应倒置放在桌上,如瓶塞顶不是扁平的,可用示指和中指将瓶塞夹住（或放在洁净的表面皿上）,切不可将它横置桌面上。取用试剂后应立即盖上原来的瓶塞,把试剂瓶放回原处,并使试剂标签朝外,应根据所需用量取用试剂,如不慎取出了过多的试剂,只能弃去,不得倒回或放回原瓶,以免污染试剂。

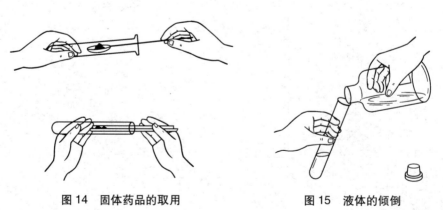

图14　固体药品的取用　　　　图15　液体的倾倒

从滴瓶中取用少量液体试剂时,应提起滴管,使管口离开液面,用手指紧捏滴管上部的橡皮头,以赶出滴管中的空气,然后把滴管伸入试剂瓶中,放开手指,吸入试剂。再提起滴管将试剂滴入试管或烧杯中(图 16)。

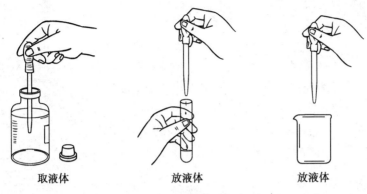

取液体　　　　　　　放液体　　　　　　　放液体

图 16　胶头滴管的操作方法

【注意事项】

(1) 将试剂滴入试管中时,可用无名指和中指夹住滴管,将它悬空地放在靠近试管口的上方,然后用大拇指和示指掐捏橡皮头,使试剂滴入试管中;

(2) 绝对禁止将滴管伸入试管中,致使试剂被污染;

(3) 滴瓶上的滴管只能专用,取用完药品后应立即将滴管插回原来的滴瓶中;

(4) 从滴瓶中取出试剂后,应保持橡皮头在上,不要平放或斜放,以免试液流入滴管的橡皮头。

第五节　固-液的分离方法

常用固-液的分离方法有普通过滤、倾泻法过滤、热过滤、减压过滤和离心分离等。

一、普通过滤

普通过滤是用内衬滤纸的锥形玻璃漏斗分离溶液与沉淀物的一种基本单元操作,是实现固液分离的一种常用方法。滤液靠自身的重力透过滤纸流下,沉淀物则留在滤纸上,具体操作步骤如下:

(1) 滤纸的叠放:先将滤纸对折两次,若滤纸不是圆形的,此时应剪成扇形,拨开一层即成圆锥形,内角成 60°(标准的漏斗内角为 60°,若漏斗角度不合适应适当改变滤纸折叠的角度,使能配合所用漏斗),一面是三层,一面是一层(图 17)。

(2) 安装仪器:选用圆锥形玻璃漏斗,置漏斗架或铁圈上,将折好的滤纸放入漏斗内,滤纸边缘应比漏斗边缘略低,调整至紧贴漏斗壁,以蒸馏水润湿滤纸,排除滤纸与漏斗壁之间的气泡。滤液接收器要靠在漏斗颈末端较长一面,使滤液能沿接收器内

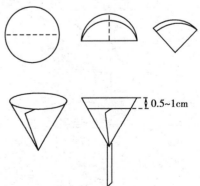

0.5~1cm

图 17　滤纸的折叠与安放

壁自然流下,防止滤液溅出(图18)。

（3）过滤:首先将玻璃棒靠在三层滤纸上,再小心地将待过滤溶液以玻璃棒引流至漏斗,漏斗内液面应低于滤纸边缘,以防滤液溢出,待无滤液流出后停止。

【注意事项】

普通过滤的基本操作要领是"一贴二低三靠"。一贴:滤纸要紧贴漏斗内壁而无气泡。二低:滤纸边缘要低于漏斗边缘;漏斗中的液面要低于滤纸边缘。三靠:烧杯的尖嘴要靠在倾斜的玻璃棒上;玻璃棒的下端要轻靠在三层滤纸处;漏斗颈的末端要紧靠接收滤液的烧杯内壁。

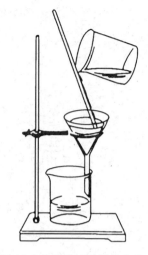

图18   常压过滤的操作方法

二、倾泻法过滤

当沉淀的密度或结晶颗粒较大时,静置后待颗粒沉降至容器底部时,可采用倾泻法对沉淀进行分离。这种方法可以避免沉淀过早堵塞滤纸孔而影响过滤速度。

具体操作方法:将玻璃棒平放在烧杯上,玻璃棒的一段放在烧杯的尖嘴处,右手示指压住玻璃棒,大拇指和其他手指抓住烧杯轻轻拿起,让上层清液沿着玻璃棒流入漏斗中,玻璃棒应直立,下端对着三层滤纸边,并尽可能接近滤纸,但不要与滤纸接触(图19)。当上层清液过滤结束后,再把下层沉淀转移至漏斗中。

三、热过滤

热过滤的实验装置如图20所示,主要是为了防止热溶液在过滤中由于受冷而使某些溶质自溶液中结晶析出,而采取的一种常压过滤方法。过滤装置与普通过滤相似,区别仅是在普通漏斗外,套装一铜质热漏斗,它可根据过滤要求,恒定玻璃漏斗温度,漏斗采用短颈或无颈漏斗。

图19   倾泻法过滤操作

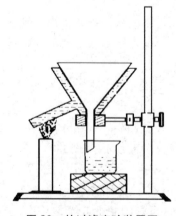

图20   热过滤实验装置图

四、减压过滤

　　减压过滤俗称抽滤,是分离溶液与溶液中沉淀物的一种基本单元操作,也是液固分离的一种方法。减压过滤的实验装置如图21所示:由循环式真空水泵、抽滤瓶、布氏漏斗、安全瓶组成。主要是靠真空水泵产生的负压将滤液吸过滤纸流下,沉淀物则留在滤纸上,具体操作步骤如下:

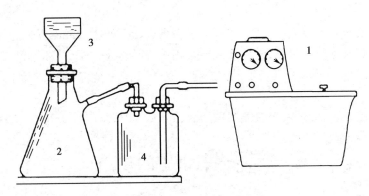

图21　减压抽滤的实验装置图
1. 循环式真空水泵;2. 抽滤瓶;3. 布氏漏斗;4. 安全瓶。

　　(1) 安装仪器:清洗抽滤瓶,用胶管连接抽滤瓶与真空水泵,清洗布氏漏斗,然后垫上加胶圈置于抽滤瓶上,布氏漏斗的下颈出气口正对抽滤瓶的支管口,然后塞紧橡皮塞,选择与布氏漏斗适合的滤纸放入漏斗中,用少量溶剂润湿滤纸。

　　(2) 过滤:开启真空水泵将滤纸吸紧,借助玻璃棒,将待分离物质分批次倒入漏斗中,进行减压过滤直至漏斗颈口无滤液滴下,静待几分钟。

　　(3) 关机:应先将安全瓶的活塞打开,平衡内外气压,然后关闭水泵,以防倒吸而损毁滤液。

【注意事项】

　　(1) 实验结束后先打开安全瓶的活塞,再关闭真空泵,以防止倒吸。

　　(2) 实验过程中要保证布氏漏斗的斜口正对着抽滤瓶的支管口。

　　(3) 一般不洗涤沉淀物,可用低沸点、对沉淀物不溶或微溶的溶剂(如酒精)洗涤,使最后的结晶产物纯净、易于干燥。

五、离心分离法

　　离心分离法是利用离心力,分离液体与固体颗粒或液体与液体的混合物中各组分的方法。利用不同密度或粒度的固体颗粒在液体中沉降速度不同的特点,有的沉降离心机还可对固体颗粒按密度或粒度进行分级。

　　实验室常用的电动离心机有低速离心机、高速离心机、高速冷冻离心机,以及超速剖析、制备两用冷冻离心机等多种类型。下面简要叙述台式电动离心机的使用方法:

　　(1) 打开离心机盖先将内腔及转头擦拭干净,并将事先称重一致的离心管放入试管套内,并成偶数对称放入转子试管孔内。

（2）关闭离心机盖,设定转动时间,合上电源开关,调节调速旋钮,升至所需转速。

（3）确认转子完全停转后,方可打开离心机盖,小心取出离心管,完成整个分离过程。

（4）工作完毕,必须将调速旋钮置于最小位置,定时器置零,关掉电源开关,切断电源,擦拭内腔及转头,关闭离心机盖。

【注意事项】

（1）为确保安全和离心效果,仪器必须放置在坚固、防震、水平的台面上,以确保四只基脚均衡受力。

（2）工作前应均匀放入空心管,将机器以最高转速运行 1~2min,发现无异常才可工作。

（3）离心管必须对称放置,管内溶液质量相等,连接转子与电机轴的螺钉必须拧紧。

（4）运行过程中不得移动离心机,在电机及转子未完全停稳的情况下不得打开离心机盖。

（5）分离结束后,应及时将仪器擦拭干净,同时关闭仪器的电源开关并拔掉电源插头。

第六节　试纸的使用

一、pH 试纸

pH 试纸是用多色阶混合酸碱指示剂溶液浸渍的滤纸制成,能对一系列不同 pH 值溶液显示不同的颜色。常用的 pH 试纸可以用于检验气体或液体的酸碱性。国产 pH 试纸有广泛 pH 试纸和精密 pH 试纸两类,其中广泛 pH 试纸测试溶液的 pH 值范围是 1~14,与比色卡对比得出的 pH 值是整数;而精密 pH 试纸是按测量区间分的,有 0.5~5.0,0.1~1.2,0.8~2.4 等,超过测量范围,精密 pH 试纸就无效了。无机化学实验室主要使用的是广泛 pH 试纸。

用试纸测试溶液的酸碱性时,一般是将一小片试纸放在干净的表面皿上,用洁净、干燥的玻璃棒蘸取待测溶液滴在试纸上,观察试纸颜色的变化,将试纸所呈现的颜色与标准比色板比较,即可得到溶液的 pH 值。

用试纸检测气体的性质时,一般先用蒸馏水把试纸润湿,放到盛有待测气体广口瓶的瓶口或产生气体的试管口上方,观察试纸颜色变化。检验时需要注意:润湿的试纸不能接触所检测气体的瓶口、试管口或瓶内溶液。

二、石蕊试纸

石蕊试纸是将滤纸浸渍于含石蕊试剂的溶液中晾干制成的,是检验溶液酸碱性最古老的方式之一。石蕊试纸分为红色石蕊试纸和蓝色石蕊试纸两种,碱性溶液使红色试纸变蓝,酸性溶液使蓝色试纸变红。由于受到变色范围的影响,用石蕊试纸测试接近中性的溶液时不大准确。

三、醋酸铅试纸

醋酸铅试纸是将滤纸浸于醋酸铅溶液中,取出晾干后制得。它主要用于检验硫化氢气体。润湿的醋酸铅试纸遇到硫化氢气体时,产生硫化铅,使得白色的试纸立即变黑,检验硫

化氢气体灵敏度很高,化学反应方程式是:

$$Pb(CH_3COO)_2 + H_2S \Longrightarrow PbS\downarrow + 2CH_3COOH$$

醋酸铅试纸保存时必须放置于干净密封的广口试剂瓶里,使用时要用干净的镊子夹取,试纸用水润湿后要立即悬放在盛放硫化氢气体的容器中。

四、碘化钾淀粉试纸

碘化钾淀粉试纸是把滤纸浸入含有碘化钾的淀粉液中,经晾干后而成的白色试纸。由于碘离子具有弱的还原性,能被氧化剂(氯气/二氧化氮/溴/臭氧等)氧化而释出游离的碘,遇到淀粉而呈蓝色。湿润的碘化钾淀粉试纸可用于检验氯气和亚硝酸等氧化剂的存在。

【注意事项】

(1) 不能将试纸直接投入被测试液中进行检验。

(2) 用试纸检验气体时,应事先用蒸馏水把试纸润湿,然后黏附在气体容器的管口上方,注意不能接触器壁。

(3) 观察试纸颜色的变化时,不能将润湿的试纸接触所检测气体的瓶口、试管口或瓶内溶液。

第七节　电子天平的使用

电子天平是根据电磁力平衡的原理,可以实现直接称量,并且全量程不需砝码的称量仪器。电子天平的支承点使用的是弹性簧片,取代机械天平的玛瑙刀口,用差动变压器取代升降枢装置,用数字显示代替指针刻度式。因而,电子天平具有使用寿命长、性能稳定、操作简便、称量速度快和灵敏度高的特点。此外,电子天平还具有自动校正、自动去皮、超载指示、故障报警等功能。

目前,广泛使用的是上皿式电子天平(图22),根据其精度可以分为十分之一天平、百分之一天平、千分之一天平、万分之一天平和十万分之一天平等。

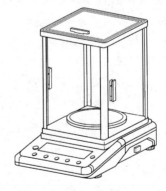

无机化学实验室使用的大多为精度较低的百分之一天平,其使用操作步骤如下:

(1) 水平调节:观察水平仪,如水平仪气泡偏移,需调整水平调节脚,使水泡位于水平仪中心。

(2) 预热:接通电源,提前预热30min后,开启显示器进行操作。

(3) 开启显示器:轻按ON键,显示器全亮,约2s后,

图22　电子天平

显示天平的型号,然后是称量模式如0.00g。

(4) 校准:天平安装后,第一次使用前应对天平进行校准。校准时,首先按"CAL"键,启动天平的校准功能,此时天平的显示器上显示外部校正砝码的重量值,将符合精度要求的标准砝码放在天平的称盘上,当电子天平的显示值不变时,说明外部的校正工作已经完成,可以将标准砝码取出,完成外部校准。

(5) 称量:按TARE键,显示为零后,置称量物于称盘上,待数字稳定即显示器左下角的

"0"标志消失后,即可读出称量物的质量值。

(6) 去皮称量:按 TARE 键清零,置容器于称盘上,天平显示容器质量,再按 TAR 键,显示零,即去除皮重。再置称量物于容器中,或将称量物(粉末状物或液体)逐步加入容器中直至达到所需质量,待显示器左下角"0"消失,这时显示的是称量物的净质量。

(7) 称量结束后,若较短时间内还使用天平(或其他人还使用天平),一般不用关闭显示器。实验全部结束后,按 OFF 键关闭显示器,切断电源。

【注意事项】

(1) 使用天平称量时一定要看好天平的最大使用量程,不能用于称量超重的物质。

(2) 天平使用结束后要使用软毛刷将天平及天平周围刷干净。

第八节　酸度计的使用

酸度计又称 pH 计,是一种通过测量电势差的方法测定溶液 pH 的常用仪器。酸度计有多种型号,如 pHS-25、pHS-2、pHS-3 和 pHS-3TC 型等,结构稍有差别,但原理相同。不同类型的酸度计是由参比电极、测量电极和精密电位计三部分组成,将参比电极和测量电极合并在一起制成复合体称为复合电极。

本文以梅特勒-托利多台式实验室酸度计(图23)为例介绍酸度计的使用测量步骤如下:

1. 准备　仪器接通电源,预热 30min,并将复合电极接到仪器上,固定在电极架上。短按"退出"键开机,将 pH-mV 开关转到 pH 位置,按"设置"键设定温度,首先显示温度跳动,此时可以分别按设置和模式键,升高或者降低温度,温度设定好后按"读数"键确定。

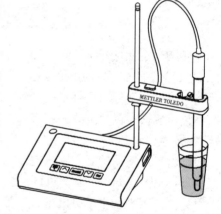

图23　梅特勒-托利多台式实验室酸度计

2. 校准　采用两点法校准

(1) 冲洗电极后,将电极放入混合磷酸盐缓冲液中,并按"校准"键开始校准,此时显示屏右下角显示"cal 1",校准和测量图标将同时显示。在信号稳定后仪表会根据预选缓冲组的 pH 设置终点(即自动调整 pH 为预置的缓冲组的缓冲值),此时显示的 pH 值旁边的 A 变为 $\sqrt{A}$。

(2) 冲洗电极后,将电极放入硼砂(校碱)或邻苯二甲酸氢钾(校酸)缓冲液中,并按"校准"键开始校准,此时显示屏右下角显示"cal 2",在信号稳定后仪表根据预选终点方式终点,此时显示的 pH 值旁边的 A 变为 $\sqrt{A}$。

按"读数"键后,仪表显示零点和斜率,同时保存校准数据,然后自动退回到测量画面。此时校准完成。

3. 测量　冲洗电极后,将电极放入待测液中,并按"读数"键开始测量,画面上 pH 值小数点闪动。自动测量终点 A 是仪表的默认设置。当电极输出稳定后,显示屏自动固定,即显示 pH 值的数的旁边的 A 变为 $\sqrt{A}$,并显示待测样品溶液的 pH 值。

实验完成后,将电极取下使用蒸馏水冲洗、滤纸吸干后,将电极插入保护液中。

【注意事项】

(1) 取下电极护套时,应避免电极的敏感玻璃泡与硬物接触,因为任何破损或擦毛都使电极失效。

(2) 每测完一个溶液的 pH 值后,都要用蒸馏水清洗电极,并用滤纸吸干才能进行下一个溶液的测量。

(3) 测量结束,及时将电极保护套套上,电极套内应放少量饱和 KCl 溶液,以保持电极球泡的湿润,切忌浸泡在蒸馏水中。

第九节　移液器的使用

移液器(图 24)是一种既准确又精确地为采样和分液设计的多用途移液仪器,其基本原理是基于空气置换。

与其配套使用的是一次性枪头,量程从 0.1μl 到 5ml 不等,具体使用方法如下:

(1) 调节刻度:根据要转移液体的体积,调节移液器的旋钮到所需刻度。

(2) 安装枪头:正确的安装方法为旋转安装法,是把移液器顶端插入枪头,在轻轻用力下压的同时,左右微微转动,上紧即可。切记用力不可过猛,更不可采取剁枪头的方法来进行安装,因为这样会导致移液器的内部配件如弹簧等因敲击产生的瞬间撞击力而变得松散,甚至会导致刻度旋钮卡住,严重情况会将白套管折断。

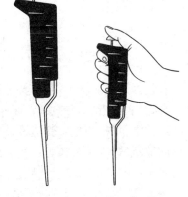

图 24　移液器

(3) 预洗枪头:安装了新的枪头后,应该把需要转移的液体吸取、排放 2~3 次,这样做是为了让枪头内壁形成一道同质液膜,确保移液工作的精度和准度,使整个移液过程具有极高的重现性。

(4) 取液和放液:将按钮按下至第一停点后,将枪头插入液面下方,然后慢慢松开按钮回到原点,放液时,枪头应紧贴容器壁,再将按钮按至第一停点将液体排出至新的器皿内。若吸取的样品黏度较高或容易起泡时,吸取样品时应将按钮按至第二停点,然后慢慢松开至原点,再按动按钮至第一停点排出设置好量程的液体。

(5) 卸掉枪头:卸掉的枪头不能和新的枪头混放,以免污染新的枪头。

(6) 使用完毕:调至最大量程,置于移液器专用架上。

【注意事项】

(1) 吸取液体时要缓慢平稳地松开拇指,绝不能突然松开,以防止将液体吸入过快而冲入移液器内部腐蚀柱塞而造成漏气。

(2) 当移液器枪头里有液体时,切勿将移液器水平放置或倒置,以免液体倒流腐蚀活塞弹簧。

(3) 移液器使用后,调至量程最大刻度,使弹簧处于松弛状态以保护弹簧,将其挂在移液器架子上。

第三章
无机化学标准化实验报告的写法

无机化学标准化实验报告的书写要求

实验报告是实验工作的全面总结,是用简明的形式将实验操作、实验现象及所得各种数据综合归纳、分析提高的过程,是把直接的感性认识提高到理性概念的必要步骤,也是学生向指导教师报告、与他人交流及储存备查的手段。因此,实验报告的质量将体现学生对实验内容的理解掌握、动手能力及实验结果的正确水平。

实验报告的书写要求简明扼要,文理通顺,字迹端正,图表清晰,结论正确,分析合理,讨论力求深入。不同类型的实验有不同的格式,一般包括以下几个部分:

(1) 实验目的:简述实验的目的要求。

(2) 实验原理:尽量用自己的语言简要说明实验有关的基本原理、主要反应式及定量测定的方法原理等。

(3) 主要仪器与试剂:包括实验所需的试剂、药材及仪器规格等。

(4) 实验步骤及实验现象:实验者可按实验指导书上的步骤编写,也可根据实验原理由实验者自行编写,尽量用简单的图表或化学式、符号等表示,对实验现象逐一做出正确的解释,能用反应式表示的尽量用反应式。

(5) 实验记录数据及处理:以原始记录为依据,并注明测试条件如温度、压力等。

(6) 实验结果和讨论:根据实验的现象或数据进行分析、解释,得出正确的结论,并进行相关讨论,或者将计算结果与理论值比较,分析造成误差的原因。对实验结果进行讨论和总结,主要包括:对实验结果和产品进行分析、写出做实验的体会、分析实验中出现的问题和解决的办法、对实验提出意见和建议。通过讨论来总结、提高和巩固实验中所学到的理论知识和实验技术。

(7) 实验思考问题:写报告时对实验后面的有关思考题进行思考与解答。

第二节　无机化学实验报告书写注意事项

一、关于实验记录

1. 实验记录本要逐页编号,不允许撕掉,原始记录一定要严格,养成保留原始记录的习惯。

2. 实验记录要规范,如有记录数据错误,不能完全涂掉或掩盖,应该能看到数据改动的痕迹,以便分析错误的原因。

3. 实验原始记录要求当场完整如实记录在记录本的左侧,处理数据结果写在右侧,切忌记录在纸上然后再誊抄到记录本上。

二、实验及实验报告书写规范

1. 不允许无故旷课。

2. 实验前教师检查是否书写预习报告,预习报告内容要全面;不写实验预习报告或忘记带预习报告者,不允许参加本次实验。

3. 实验操作要注意规范性、实验速度、产品外观和质量、实验习惯、课堂纪律,实验操作经教师纠正要及时改正。

4. 如实记录结果,准确数据处理,如实记录实验现象,书写反应方程式要全面,报告要完整。

5. 要正确完成思考题。

6. 尽量不损坏实验仪器。

第三节　无机化学标准化实验报告的书写格式

实验报告的具体格式因实验类型而异,但大体应遵循一定的格式,常见的可分为制备型实验报告、定性检查型实验报告和定量测定型实验报告三种类型。

下面分别以"药用氯化钠的制备""药用氯化钠的性质及杂质限度检查"和"醋酸电离度及电离平衡常数的测定"等实验为例来分别说明制备型实验报告、定性检查型实验报告和定量测定型实验报告的书写格式。

制备型实验报告的书写格式

一、实验目的（简述实验的目的要求）

二、实验原理（简要说明实验有关的基本原理、主要反应式）
以药用氯化钠的制备反应为例：

$$粗盐\begin{cases}不溶性杂质，如泥沙等，过滤除去\\[2pt]可溶性杂质\begin{cases}SO_4^{2-}：BaCl_2\\[2pt]Fe^{3+}，Ca^{2+}，Mg^{2+}：混合碱（NaOH，Na_2CO_3）\\[2pt]重金属离子：Na_2S\\[2pt]K^+，Br^-，I^-：留在母液过滤除去\end{cases}\end{cases}$$

三、实验仪器与材料（简述实验所需的试剂、药材及仪器规格）

四、实验步骤（简单流程图）

$$30g\ 粗盐 \xrightarrow[100ml]{+H_2O} \xrightarrow[加热]{溶解} \xrightarrow[3\sim5ml]{+25\%\ BaCl_2} \xrightarrow[近沸]{加热} 静置分层 \longrightarrow 检验沉淀是否完全$$

$$\xrightarrow[pH=11]{+混合碱} \xrightarrow[至沸]{加热} \xrightarrow[1d]{+Na_2S} 静置冷却 \xrightarrow[倾滤法]{过滤} 得到滤液 \xrightarrow[pH=4]{+HCl} 加热蒸发至糊状 \xrightarrow[趁热]{减压过滤} 得到$$

$$半干燥晶体 \xrightarrow[炒干]{于蒸发皿中} \xrightarrow{冷却} 称重 \longrightarrow 计算产率$$

五、实验现象与记录

1. 得到的产物颜色形态、产物的质量、产率

2. 实验总结：

六、实验思考题

定性检查型实验报告的书写格式

一、实验目的（简述实验的目的要求）

二、实验原理（简要说明实验有关的基本原理、主要反应式）

三、实验仪器与材料（简述实验所需的试剂、药材及仪器规格）

四、实验步骤（按表格形式罗列）

以药用氯化钠的性质及杂质限度检查实验为例：

实验名称	实验内容	实验现象	反应方程式	实验结论
鉴别实验	加 $AgNO_3$ 溶液	生成白色沉淀	$Ag^+ + Cl^- =\!=\!= AgCl\downarrow$	有 Cl^-
	加酸性 $KMnO_4$	KI 试纸褪色	$MnO_4^- + 10Cl^- + 8H^+ =\!=\!= 5Cl_2 + Mn^{2+} + 4H_2O$	有 Cl^-
钡盐检验	对照管			（不）合格
	样品管			
钙盐检验	对照管			（不）合格
	样品管			
镁盐检验	对照管			（不）合格
	样品管			
硫酸盐检验	标准管			（不）合格
	样品管			
铁盐检验	标准管			（不）合格
	样品管			

实验总结：

五、实验思考题

定量测定型实验报告的书写格式

一、实验目的（简述实验的目的要求）

二、实验原理（简要说明实验有关的基本原理、主要反应式和测定方法）

三、实验仪器与材料（简述实验所需的试剂、药材及仪器规格）

四、实验记录和处理

以醋酸电离度和电离平衡常数测定实验为例：

醋酸溶液的 pH 值测定及其标准平衡常数、电离度的计算表				$t =$ _____ ℃
滴定序号	1	2	3	4
HAc 的稀释倍数	$c/500$	$c/200$	$c/100$	$c/50$
$c(\text{HAc})/\text{mol}\cdot\text{L}^{-1}$				
pH				
$c(\text{H}^+)/\text{mol}\cdot\text{L}^{-1}$				
$\alpha/\%$				
$K_a^{\ominus}$				
$\overline{K_a^{\ominus}}$				

实验总结：

五、实验思考

第四章

无机化学标准化实验

实验一 简单玻璃工操作（3 学时）

 预习要求:

1. 实验前认真观看录像,注意实验中的各种仪器使用方法和要求。

简单玻璃工操作实验视频

2. 预习酒精灯、酒精喷灯的结构和使用方法。

一、实验目的

1. 学习使用酒精喷灯。
2. 练习玻璃管的简单加工。

二、仪器与试剂

锉刀、酒精喷灯、玻璃管、石棉网、工业酒精、火柴、手电筒、捅针、打孔器、橡胶塞

三、实验内容

（一）酒精喷灯的认识与使用

1. 酒精喷灯的结构(图 25)

2. 酒精喷灯的工作原理　点燃预热盘内的酒精以加热灯芯,灯芯上吸附的酒精汽化从

喷气孔喷出,遇空气火焰会自动在灯管口产生。火焰的大小与喷气孔的大小、酒精蒸气的压强及空气的进入量有关。

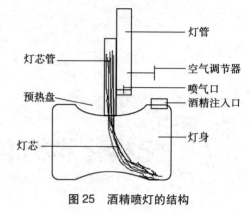

图 25   酒精喷灯的结构

3. 酒精喷灯的使用

（1）使用前应先检查酒精喷灯的安全阀,然后向灯壶内添加酒精,将灯身倒置,使灯芯吸上酒精。

（2）使用细针通一通喷气孔,以免灰尘堵塞喷气孔而影响正常使用。

（3）往预热盘内添加酒精并点燃。

（4）如果预热盘内酒精燃烧完,火焰仍不能正常产生,可检查喷气孔是否通畅或重复预热之。

（二）简单玻璃工操作

1. 玻璃管的截断(图 26)

锉痕:首先把玻璃管平放在桌子边缘上,拇指按住要截断的地方,用三角锉刀棱锉出锉痕,锉锉痕时只能向一个方向即向前或者向后锉去,不能来回拉锉。

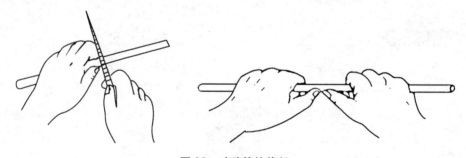

图 26   玻璃管的截断

折断:两手分别握住凹痕的两边,凹痕向外,两个大拇指分别按住凹痕后面的两侧轻轻一压带拉,折成两段。

2. 管口的制作   将管口放入火焰中加热以熔去锋利的断口。

3. 玻璃管的弯曲(图 27、图 28)   双手持玻璃管,手心向上把需要弯曲的地方放在火焰上预热,然后在火焰中使玻璃管缓慢、均匀而不停地向同一个方向转动,至玻璃受热(变黄)软化后离开火焰再弯,弯曲时两手用力要均匀,不能用扭力、拉力和推力。当弯曲的角度较

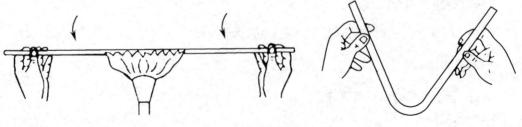

图 27   玻璃管的弯曲

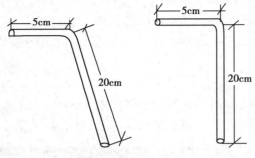

图 28　玻璃管弯曲成品

大时,不能一次成功,先弯曲一定角度将加热中心部位稍偏离原中心部位再加热弯曲,直到达到所要求的角度为止。弯曲成品如图 28 所示。

4. 胶头滴管的拉制(图 29)　两手平托玻璃管的两端,先均匀旋转预热,再固定一点加热,当发现玻璃管已经烧成红黄色,手中有下坠感时,从火焰中取出,两手平稳地沿水平方向缓慢往外拉动,逐步加快。注意要离火拉,拉得不能太快,否则太细;也不能拉得太慢,否则拉不开;拉完放石棉网上冷却后用碎瓷片划出划痕,轻轻掰开,后端烧红,在石棉网上稍用力一按,冷却,制成胶头滴管。

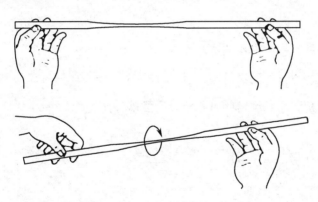

图 29　胶头滴管的拉制

5. 橡皮塞的钻孔　根据玻璃管的外径大小来选择打孔器,要保证玻璃管的内壁与打孔器外径相一致。为避免打孔器钻坏桌子,在石棉网上打孔。用毛巾垫手,润湿打孔器,左手拿住塞子,右手握住手柄,刃口放在橡胶塞中心,一面加压力,一面来回旋转手柄,打到一半,为避免打偏,可以从另一边继续打,再整体通一下,制成单孔塞,再将冷却的玻璃弯管塞入单孔塞。塞入玻璃管时,注意先将玻璃管润湿,边旋转边塞入塞中。

四、注意事项

1. 喷灯中酒精的注入量应在灯身容积的 $\frac{1}{4} \sim \frac{3}{4}$ 之间,过多会喷出酒精,过少则会使灯芯烧焦。

2. 喷灯在工作 30min 后应停止使用,用水或湿抹布给灯身降温后添加酒精方可使用。

3. 绝不能在灯身尚热的情况下往预热盘内或灯身内添加酒精。

4. 制作胶头滴管时,不要将玻璃管在火焰上加热时往外拉。

5. 烧制过的玻璃管要放在石棉网上自然冷却,实验过程中注意烧伤、烫伤、割伤。

五、实验思考题

1. 弯曲和拉细玻璃管时软化玻璃管的温度有什么不同? 为什么需要不同呢?

2. 做好的玻璃管成品和冷的物件接触会发生什么不良后果? 应该怎样才能避免?

简单玻璃工操作实验学生问题反馈

回答问题只可选一项,在"□"内打"√"即可

1. 你在实验前是否完整仔细地看过本实验录像?

　　□是; 　□否; 　□只看了一部分

2. 你在实验时穿白大褂了吗?

　　□是; 　□否; 　□忘记带了

3. 你在注入酒精前是否检查过酒精喷灯的安全阀?

　　□是; 　□否; 　□忘记了

4. 你量取酒精的过程中使用的工具是什么?

　　□烧杯; 　□量筒; 　□都没用,大概倒的

5. 你在量取酒精和注入酒精的过程中是否洒落外面?

　　□是; 　□否

6. 你的酒精喷灯是否一次点燃?

　　□是; 　□否

7. 你是否可以独立使用酒精喷灯?

　　□能; 　□否; 　□说不好

8. 你在切割玻璃管的时候受过伤吗?

　　□是; 　□否; 　□不肯定或一般

9. 你弯制玻璃管的时候是否一次成功?

　　□是; 　□否; 　□不肯定或一般

10. 你在整个实验中是否被烫过?

　　□是; 　□否; 　□不肯定或一般

11. 你钻的塞子是否漏气?

　　□是; 　□否; 　□不确定

12. 你觉得本次实验是否成功？

　　□是；　□否；　□还有待提高

13. 你觉得实验前观看操作视频对你有帮助吗？

　　□一般；　□没有；　□帮助很大

14. 你觉得实验操作视频中还有什么需要补充或完善的吗？

实验二　醋酸电离度和电离平衡常数的测定（3 学时）

预习要求：

1. 认真预习电离平衡常数与电离度的计算方法，以及影响弱酸电离平衡常数与电离度的因素。

醋酸电离度及电离平衡常数的测定视频

2. pH 酸度计的型号不同使用方法也略有区别，使用前应认真预习，熟悉实验所用型号的 pH 酸度计的使用方法。

一、实验目的

1. 掌握测定醋酸电离度和电离平衡常数的方法。
2. 学习使用 pH 酸度计的使用。
3. 掌握容量瓶和移液器的使用基本操作技术。

二、实验原理

醋酸是弱电解质，在溶液中存在下列平衡：

$$HAc \rightleftharpoons H^+ + Ac^-$$

初始状态　　c　　　　0　　　　0

平衡状态　$c(1-\alpha)$　　$c\alpha$　　　$c\alpha$

$$K_a^\ominus = \frac{c(H^+) \cdot c(Ac^-)}{c(HAc)} = \frac{c \cdot \alpha^2}{1-\alpha}$$

式中的 $c(H^+)$、$c(Ac^-)$、$c(HAc)$ 分别是 H^+、Ac^-、HAc 的相对平衡浓度；c 为醋酸的起始浓度；$K_a^\ominus$ 为醋酸的电离平衡常数。通过对已知浓度的醋酸的 pH 值的测定，按 $pH = -lgc(H^+)$ 换算成 $c(H^+)$，根据电离度计算公式计算出电离度 α，再代入上式即可求得电离平衡常数 $K_a^\ominus$。

三、仪器与试剂

容量瓶 4 个（50ml），烧杯 4 个（50ml），移液器，一次性枪头（1ml），pH 酸度计，滤纸，HAc 标准溶液，标准缓冲溶液（pH=4.00 和 pH=6.86）

四、实验内容

1. 不同浓度醋酸溶液的配制　用移液器分别移取 0.1ml，0.25ml，0.5ml 和 1ml 给定浓度的 HAc 溶液于 4 个 50ml 容量瓶中,用蒸馏水稀释至刻度,摇匀,并求出各份稀释后的醋酸溶液精确浓度$\left(\dfrac{c}{500},\dfrac{c}{200},\dfrac{c}{100},\dfrac{c}{50}\right)$填写在下表中。

2. 测定醋酸溶液的 pH 值 用 4 个干燥的 50ml 烧杯分别取 20~30ml 上述四种浓度的醋酸溶液,由稀到浓分别用 pH 酸度计测定它们的 pH 值,并记录室温。

3. 计算电离度与电离平衡常数 根据四种醋酸浓度的 pH 值计算出电离度,使用下面的公式计算醋酸的电离平衡常数:$K_a^{\ominus}=\dfrac{c\cdot\alpha^2}{1-\alpha}$。

五、数据记录和处理

将计算得到的稀释后醋酸的浓度及测量的各种溶液的 pH 值数据记录在下表中,计算四种醋酸的电离度和电离平衡常数。

醋酸溶液的 pH 值测定及平衡常数、电离度的计算				$t=$___℃
序号	1	2	3	4
HAc	$\dfrac{c}{500}$	$\dfrac{c}{200}$	$\dfrac{c}{100}$	$\dfrac{c}{50}$
$c(\text{HAc})/\text{mol}\cdot\text{L}^{-1}$				
pH				
$c(\text{H}^+)/\text{mol}\cdot\text{L}^{-1}$				
$\alpha/\%$				
$K_a^{\ominus}$				
$\overline{K_a^{\ominus}}$				

六、注意事项

1. 容量瓶使用的是磨口塞子,为防止塞子掉落,使用前要注意将塞子与瓶身使用橡皮筋固定。

2. 酸度计的电极不要平放在桌面上或者接触硬物,使用结束后要浸泡在电极保护液中。

3. 使用移液器吸取液体时一定要缓慢平稳地松开拇指,绝不能突然松开,以防止将液体吸入过快而冲入移液器内部腐蚀柱塞而造成漏气。

4. 当移液器枪头里有液体时,切勿将移液器水平放置或倒置,以免液体倒流腐蚀活塞弹簧。

5. 移液器使用后,调至量程最大刻度,使弹簧处于松弛状态以保护弹簧,将其挂在移液器架子上。

七、实验思考题

1. 当醋酸溶液浓度变小时,$c(\text{H}^+)$、α 如何变化? $K_a^{\ominus}$ 值是否随醋酸溶液浓度变化而变化?

2. 如果改变所测溶液的温度,则电离度和电离常数有无变化?

醋酸电离度和电离平衡常数的测定实验学生问题反馈

回答问题只可选一项，在"□"内打"√"即可

1. 你在实验前是否完整仔细的观看过本实验录像？

   □是； □否； □只看了一部分

2. 你是否初次使用容量瓶？

   □是； □否

3. 你使用的容量瓶和塞子是否匹配？

   □是； □否； □不知道

4. 你在使用容量瓶前是否检漏？

   □是； □否

5. 你在使用容量瓶定容时，是否注意视线与凹液面相切？

   □是； □否

6. 配置好的溶液是否可以一直在容量瓶中存放？

   □是； □否； □不知道

7. 你在使用移液器前是否经过多次练习？

   □是； □否； □不确定

8. 你是否将使用完的移液器调节至最大量程？

   □是； □否； □不确定

9. 你是否知道并能控制好移液器的两个停点？

   □是； □否； □一直使用一个停点

10. 使用过的一次性枪头你是怎样处理的？

    □收集在一起放入垃圾桶； □随便放在桌上； □放入水槽

11. 你知道的 pH 酸度计都有哪些校准方法？

    □一点法； □两点法； □三点法； □不知道

12. 你是否掌握 pH 酸度计的校准方法？

    □是； □否； □不确定

13. 电极在不使用时你应该怎样处理？

    □盖上电极帽放在保护液里； □放在桌面上； □没有严格要求

14. 你在本实验中是否打碎过仪器？

    □是； □否

实验三 硫酸亚铁铵的制备（5学时）

 预习要求：

> 1. 预习固体试剂、液体试剂的取用方法和注意事项。
>
>
>
> **硫酸亚铁铵的制备视频**
>
> 2. 预习热过滤装置和操作细节、步骤。
> 3. 预习水浴加热方法及其注意事项。

一、实验目的

1. 了解硫酸亚铁铵的制备方法。
2. 练习加热、溶解、热过滤、蒸发、浓缩、结晶、干燥等基本操作。

二、实验原理

硫酸亚铁铵又称摩尔盐，是浅蓝绿色单斜晶体，它能溶于水，但难溶于乙醇。在空气中不易被氧化，比硫酸亚铁稳定，所以在化学分析中可作为基准物质，用来直接配制标准溶液或标定未知溶液的浓度。

由硫酸铵、硫酸亚铁和硫酸亚铁铵在水中的溶解度可知，在一定温度范围内，硫酸亚铁铵的溶解度比组成它的每一组分的溶解度都小。因此，很容易从浓的硫酸亚铁和硫酸铵混合溶液中制得结晶状的摩尔盐 $FeSO_4 \cdot (NH_4)_2SO_4 \cdot 6H_2O$。在制备过程中，为了使 Fe^{2+} 不被氧化和水解，溶液需要铁屑过量并保持足够的酸度。

本实验是用铁屑溶于稀硫酸制得硫酸亚铁溶液，然后加入等物质的量的硫酸铵制得混合溶液，加热浓缩，冷至室温，便析出硫酸亚铁铵复盐。

$$Fe+H_2SO_4 = FeSO_4+H_2 \uparrow$$
$$FeSO_4+(NH_4)_2SO_4+6H_2O = FeSO_4 \cdot (NH_4)_2SO_4 \cdot 6H_2O$$

三、实验仪器与材料

电子天平，锥形瓶（150ml），烧杯，量筒（10ml，50ml），漏斗，热漏斗，漏斗架，大、小蒸发皿各一个，布氏漏斗，抽滤瓶，真空泵，酒精灯，表面皿，恒温水浴锅，$3mol \cdot L^{-1} H_2SO_4$，固体 $(NH_4)_2SO_4$，铁屑，95%乙醇

四、实验内容

1. **硫酸亚铁的制备** 往盛有 2.0g 洁净铁屑的锥形瓶中加入 $3mol \cdot L^{-1} H_2SO_4$ 溶液

15ml,放在 80℃ 水浴加热 30min(在通风橱中进行)。在加热过程中注意观察,若溶液蒸干则补充少量蒸馏水,防止 $FeSO_4$ 结晶出来。然后用铜漏斗趁热过滤,滤液盛接于洁净的小蒸发皿中。将残留铁屑和少量结晶的 $FeSO_4$ 用水分离,倒出沉在底部的铁屑,用滤纸吸干、称重,根据已反应掉的铁屑质量,算出溶液中 $FeSO_4$ 的理论产量。

2. 硫酸亚铁铵的制备　根据 $FeSO_4$ 的理论产量,计算并称取所需固体 $(NH_4)_2SO_4$ 于洁净的小烧杯中。在室温下,根据表 4-1 硫酸铵的溶解度,计算溶解硫酸铵所需要蒸馏水的质量,将 $(NH_4)_2SO_4$ 配制成饱和溶液,加入到上面所制得的 $FeSO_4$ 溶液中,在水浴上加热搅拌使固体全部溶解,停止搅拌。继续蒸发浓缩至溶液表面刚好有薄层的结晶膜出现时为止。自水浴上取下蒸发皿,冷水浴冷却至室温,减压过滤,用少量乙醇洗去晶体表面所附着的水分。将晶体取出,置于两张洁净的滤纸之间,并轻压以吸干母液;称量,计算理论产量和产率。

表 4-1　硫酸铵的溶解度

$t/℃$	溶解度/(g/100g H_2O)	$t/℃$	溶解度/(g/100g H_2O)
10	70.6	50	81.0
20	73.0	60	88.0
30	75.4	80	95.3
40	78.0	100	103.3

五、注意事项

1. 铁屑与稀硫酸在水浴下反应时,产生大量的气泡,水浴温度不要高于 80℃,否则大量的气泡会从瓶口冲出而影响产率,此时应注意一旦有气泡冲出要补充少量水。

2. 铁与稀硫酸反应生成的气体中,大量的是氢气,还有少量有毒的 H_2S、PH_3 等气体,实验应该在通风橱中进行,同时应注意打开实验室的排气扇。

3. 加入饱和硫酸铵后,只需将其搅拌溶解即可,蒸发结晶的过程中禁止搅拌,否则将破坏晶体的结构。

4. 注意在减压过滤结束时,应先打开安全瓶活塞平衡气压,再关闭真空泵。

六、实验思考题

1. 在反应过程中,为了得到纯净的 $FeSO_4$,应控制怎样的制备环境? 为什么? 反应为什么必须通风?

2. 硫酸亚铁的制备实验中为什么要呈酸性?

3. 浓硫酸的浓度是多少? 用浓硫酸配制 $3mol \cdot L^{-1}$ H_2SO_4 溶液 40ml 时,应如何配制? 在配制过程中应注意什么?

硫酸亚铁铵的制备实验学生问题反馈

回答问题只可选一项,在"□"内打"√"即可

1. 你是否阅读实验教材,认真撰写预习报告?

　　□是;　□否

2. 你在实验前是否完整仔细的观看过本实验录像?

□是; □否; □只看了一部分

3. 你在取用稀硫酸时是怎样操作的?

□将量筒放在桌上倒的; □手拿量筒倒的; □烧杯量取的

4. 实验过程中剩余铁屑的质量计算是否准确?

□是; □否

5. 你是否明确本实验制备硫酸亚铁的条件?

□是; □否

6. 本实验中热过滤的主要目的是什么?

□加快速度; □防止氧化; □防止晶体析出

7. 你在硫酸亚铁的制备实验部分中是否顺利?

□是; □热过滤两次; □有液体洒落; □漏斗颈有晶体析出

8. 配制饱和硫酸铵溶液时你是按照哪个物质完全反应计算的?

□铁屑; □稀硫酸

9. 你是否明确制备硫酸亚铁铵时,水浴加热的原因?

□是; □否

10. 你是否明确使用通风橱的方法和步骤?

□是; □否

11. 你制备的硫酸亚铁铵是否可以用于后续实验"三草酸合铁酸钾的制备"使用?

□是; □否

12. 你认为什么样的实验需要在通风橱中进行? 请试着说出自己的观点。

实验四　药用氯化钠的制备（5学时）

预习要求：

1. 预习固体试剂、液体试剂的取用方法。

ER-5

药用氯化钠的制备

2. 预习电子天平的使用方法和注意事项。

一、实验目的

1. 通过沉淀反应，了解氯化钠提纯的原理。
2. 练习和巩固称量、溶解、沉淀、过滤、蒸发浓缩等基本操作。

二、实验原理

粗食盐中含有不溶性杂质（如泥沙等）和可溶性杂质（主要是 Ca^{2+}、Mg^{2+}、K^+ 和 SO_4^{2-}）。不溶性杂质，可用溶解和过滤的方法除去。

可溶性杂质，可用加入沉淀剂的方法除去，加入沉淀剂的原则为：①加入沉淀剂应过量，以保证杂质除净。②过量的沉淀剂应在后续的步骤中能除掉，不至引入新的杂质。

在粗食盐中加入稍微过量的 $BaCl_2$ 溶液时，即可将 SO_4^{2-} 转化为难溶解的 $BaSO_4$ 沉淀而除去。

$$Ba^{2+}+SO_4^{2-}=\!=\!=BaSO_4\downarrow$$

再加入混合碱（NaOH 和 Na_2CO_3）溶液，由于发生下列反应：

$$Mg^{2+}+2OH^-=\!=\!=Mg(OH)_2\downarrow$$
$$Ca^{2+-}+CO_3^{2-}=\!=\!=CaCO_3\downarrow$$
$$Fe^{3+}+3OH^-=\!=\!=Fe(OH)_3\downarrow$$
$$Fe^{2+}+2OH^-=\!=\!=Fe(OH)_2\downarrow$$
$$Ba^{2+}+CO_3^{2-}=\!=\!=BaCO_3\downarrow$$

食盐溶液中杂质 Mg^{2+-}、Ca^{2+}、Fe^{3+}、Fe^{2+} 以及沉淀 SO_4^{2-} 时加入的过量 Ba^{2+} 便相应转化为难溶的 $Mg(OH)_2$、$CaCO_3$、$Fe(OH)_3$、$Fe(OH)_2$、$BaCO_3$ 沉淀而通过过滤的方法除去。

重金属离子如 Pb^{2+}，Cd^{2+}，Hg^{2+} 等可加入 S^{2-} 转化为沉淀除去：

$$M^{2+}+S^{2-}=\!=\!=MS\downarrow$$

过量的 NaOH 和 Na_2CO_3 可以用盐酸中和除去。过量的 S^{2-} 可在加入 HCl 时形成 H_2S，蒸发时除掉。

少量可溶性杂质(如 K^+、Br^- 和 I^-)由于含量很少达不到饱和,在蒸发浓缩和结晶过程中不会和 NaCl 同时结晶出来,减压过滤后仍留在母液中除去。

三、实验仪器与材料

电子天平、烧杯、玻璃棒、量筒、石棉网、酒精灯、漏斗、铁架台、布氏漏斗、抽滤瓶、循环水真空泵、蒸发皿;粗食盐;25% $BaCl_2$ 溶液;混合碱(NaOH 和 Na_2CO_3);0.1mol·L^{-1} Na_2S 溶液;2mol·L^{-1} HCl;广泛 pH 试纸;比色卡、滤纸。

四、实验内容

1. 在电子天平上称取 30g 研细的粗食盐,放入大烧杯中,加入 100ml 蒸馏水,用玻璃棒搅拌并加热使其溶解,至溶液沸腾后,移走火源,在搅拌下逐滴加入 25% 的 $BaCl_2$ 溶液 4ml。静置待分层明显后,在上层清液中沿烧杯内壁加入 1~2 滴 $BaCl_2$ 溶液,观察澄清液中是否还有混浊现象;如果无混浊现象,说明 SO_4^{2-} 已经完全沉淀;如果仍有混浊现象,则需继续滴加 $BaCl_2$,直至上层清液在加入一滴 $BaCl_2$ 后,不再产生混浊为止。

2. 逐滴加入混合碱(NaOH 和 Na_2CO_3,目的是什么?),边加边调节溶液的 pH 值调节至 11,记录加入混合碱的体积。

3. 继续加入一滴 0.1mol·L^{-1} Na_2S 溶液(目的是什么?)。

4. 加热至沸腾,然后静置冷却至室温,以使产生的沉淀颗粒长大,过滤时不容易堵塞滤纸。

5. 倾泻法过滤于洁净的大蒸发皿中,弃去沉淀。

6. 在滤液中逐滴加入 2mol·L^{-1} HCl,边滴加边搅拌至溶液的 pH 为 4,使溶液呈微酸性(为什么?)。

7. 将滤液加热蒸发,浓缩至糊状的稠液为止,但切不可将溶液蒸发至干(为什么?)。

8. 冷却至室温后减压过滤,将 NaCl 晶体转移到大蒸发皿中,小火炒干。

9. 冷却,称量产品的质量,并计算其百分产率,放凉,将得到的产品装袋,标注班级、姓名、学号、产量、产率备用。

五、注意事项

1. 混合碱的加入过量会影响反应的产率。

2. 加入硫化钠的量控制在 1 滴,否则精制后的 NaCl 会发黄。

3. 氯化钠蒸发时,加热搅拌过程注意温度不要过高,而且要边加热边搅拌,否则溶液容易飞溅,避免被烫伤,同时影响产率。

4. 减压过滤注意结束时先打开安全瓶活塞平衡气压,再关真空泵。

5. 抽滤后的氯化钠要炒干,以加速水分的蒸发,否则干燥不完全使实验产率偏高。

6. 预习常压过滤、倾泻法过滤的操作要点。

7. 预习减压过滤装置的组成、作用和操作步骤。

六、实验思考题

1. 为什么不能用重结晶法提纯氯化钠?为什么最后的氯化钠溶液不能蒸干?

2. 除去 Ca^{2+}、Mg^{2+} 和 SO_4^{2-} 离子的先后顺序是否可以倒置过来？有何不同？

3. 粗盐中不溶性杂质和可溶性杂质如何除去？

药用氯化钠的制备实验学生问题反馈

回答问题只可选一项，在"□"内打"√"即可

1. 你在实验前是否完整仔细的观看过本实验录像？

　　□是；　□否；　□只看了一部分

2. 电子天平在使用前你是否提前预热？

　　□是；　□否；　□用的时候就是开机状态

3. 你认为称量粗盐有没有必要使用称量纸？

　　□有,怕腐蚀天平；　□没有,粗盐中本来就有很多杂质

4. 你称量的粗盐是什么状态的？

　　□黑而大的颗粒；　□自己研磨的小颗粒；　□使用别人研磨的小颗粒

5. 实验过程中你是怎样量取 100ml 蒸馏水的？

　　□烧杯；　□量筒；　□洗瓶

6. 你在使用酒精灯前是否检查灯芯和灯壶内酒精的体积？

　　□是；　□否

7. 你在实验中是否检验 SO_4^{2-} 沉淀完全？

　　□是；　□否；　□检验了两次才沉淀完全；　□检验了多次才沉淀完全

8. 你是否学会倾泻法过滤？

　　□是；　□否

9. 你认为硫化钠加入的顺序是否可以改变？

　　□是；　□否

10. 你是否按照教师要求处理使用过的 pH 试纸和火柴棍？

　　□是；　□否

11. 你是否掌握了常压过滤的"一贴二低三靠"方法？

　　□是；　□否

12. 你在蒸发去除水分的过程中是否将溶液蒸干？

　　□是；　□否

13. 在减压过滤过程中,你是怎么洗涤氯化钠的？

□蒸馏水洗涤；　□乙醇洗涤；　□不用洗涤,后面要炒干

14. 你在减压过滤操作结束时是怎样操作的？

□先拔掉布氏漏斗再关机；　□直接关机；　□直接拔掉布氏漏斗

实验五　三草酸合铁（Ⅲ）酸钾的制备与性质（5 学时）

　预习要求：

> 1. 预习固体试剂、液体试剂的取用方法。
> 2. 预习减压过滤的操作方法和步骤。
>
>
>
> 三草酸合铁（Ⅲ）酸钾的制备及其性质视频
>
>
>
> 三草酸合铁（Ⅲ）酸钾的感光性质

一、实验目的

1. 掌握合成 $K_3Fe[(C_2O_4)_3]\cdot 3H_2O$ 的基本原理和操作技术。
2. 加深对铁（Ⅲ）和铁（Ⅱ）化合物性质的了解。
3. 了解光化学反应的原理。

二、实验原理

三草酸合铁（Ⅲ）酸钾为绿色单斜晶体，溶于水，难溶于乙醇，110℃下可失去三分子的结晶水而形成 $K_3Fe[(C_2O_4)_3]$，在230℃时发生分解。该配合物是制备负载型活性铁催化剂的主要原料，也是一些有机反应良好的催化剂，因而具有工业生产价值。三草酸合铁（Ⅲ）酸钾对光十分敏感，在光照下即可发生分解。

目前，合成三草酸合铁（Ⅲ）酸钾的工艺路线有多种：①使用铁作为原料制备硫酸亚铁铵，然后加草酸钾制备草酸亚铁，草酸亚铁经氧化得到三草酸合铁（Ⅲ）酸钾；②以硫酸亚铁与草酸钾反应形成草酸亚铁，经氧化结晶得三草酸合铁（Ⅲ）酸钾；③使用三氯化铁或硫酸铁与草酸钾直接合成三草酸合铁（Ⅲ）酸钾。

本实验以硫酸亚铁铵为基本原料，与草酸在酸性溶液中先制得草酸亚铁沉淀，然后再用草酸亚铁在草酸钾和草酸的存在下，以过氧化氢为氧化剂，得到草酸铁（Ⅲ）配合物。然后通过改变溶剂极性的方法加少量盐析剂，得纯的三草酸合铁（Ⅲ）酸钾绿色单斜晶体。

制备反应的方程式为：

$$(NH_4)_2Fe(SO_4)_2+H_2C_2O_4+2H_2O \rightleftharpoons FeC_2O_4\cdot 2H_2O\downarrow+(NH_4)_2SO_4+H_2SO_4$$

$$2FeC_2O_4 \cdot 2H_2O + H_2O_2 + 3K_2C_2O_4 + H_2C_2O_4 =\!=\!= 2K_3[Fe(C_2O_4)_3] \cdot 3H_2O$$

三、实验仪器与材料

电子天平,抽滤瓶,布氏漏斗,水泵,烧杯(100ml),水浴锅,锥形瓶(250ml)3 个,表面皿,称量瓶,量筒(50ml,100ml),$(NH_4)_2Fe(SO_4)_2 \cdot 6H_2O$,$H_2SO_4$(1.0mol·$L^{-1}$),$H_2C_2O_4$(饱和),$K_2C_2O_4$(饱和),KCl(A.R),$H_2O_2$(3%),$KNO_3$(300g·$L^{-1}$),乙醇(95%),乙醇-丙酮混合液(1:1),$K_3[Fe(CN)_6]$(0.1mol·$L^{-1}$)。

四、实验步骤

1. 三草酸合铁(Ⅲ)酸钾的制备

(1)草酸亚铁的制备:称取 5g 硫酸亚铁铵固体放在 100ml 烧杯中,加入 15ml 蒸馏水和 5 滴 1.0mol·L^{-1} H_2SO_4,加热溶解后再加入 25ml 饱和草酸溶液,加热搅拌至沸,停止加热,静置,待黄色晶体沉淀后倾泻法弃去上层清液,加入 20ml 蒸馏水,搅拌并温热,静置,弃去上层清液,如此洗涤 3 次,取最后洗涤的上层清液于黑色点滴板上,加入 1 滴 $BaCl_2$ 溶液,检验 SO_4^{2-} 是否除净,若未除净继续洗涤,得草酸亚铁黄色晶体。

(2)三草酸合铁(Ⅲ)酸钾的制备:往草酸亚铁沉淀中加入饱和 $K_2C_2O_4$ 溶液 10ml,水浴加热至 40℃,恒温下逐滴加入 3% H_2O_2 20ml,边加边搅拌,沉淀转为深棕色。加完后将溶液加热至沸,然后加入 20ml 饱和草酸溶液,沉淀立即溶解,得绿色溶液,趁热抽滤,滤液转入 100ml 烧杯中。加入 95% 的乙醇 50ml,为加快结晶速度,可适当加入 KNO_3 溶液,混匀后冷却放置于暗处析晶。抽滤,用 10ml 乙醇-丙酮混合液淋洗滤饼,用滤纸吸干,称重,计算产率。

2. 三草酸合铁(Ⅲ)酸钾的性质　取 0.6g 的 $K_3Fe[(C_2O_4)_3] \cdot 3H_2O$ 晶体溶解于 10ml 蒸馏水中,然后将该溶液涂在吸水性较好的滤纸上,做成感光纸。然后将硬纸壳剪成的图案放在感光纸上,在紫外灯下照射约 1min 后去掉硬纸壳,用 3.5% 六氰合铁(Ⅲ)酸钾溶液润湿或润洗,即显影映出图案来。

光解反应:$2K_3Fe[(C_2O_4)_3] \cdot 3H_2O \xrightarrow{\text{光}} 3K_2C_2O_4 + 2FeC_2O_4 + 2CO_2 \uparrow + 6H_2O$

显影反应:$3FeC_2O_4 + 2K_3[Fe(CN)_6] =\!=\!= Fe_3[Fe(CN)_6]_2 \downarrow + 3K_2C_2O_4$
滕氏蓝

五、注意事项

1. 要求在水浴加热温度 40℃ 的条件下慢慢滴加 H_2O_2,以防止 H_2O_2 分解。

2. 减压过滤操作时要注意勿用水冲洗黏附在烧杯和布氏漏斗上的少量绿色产品,因其水溶性而将大大影响产率。

3. 减压过滤操作结束时注意要先打开安全瓶活塞平衡气压,再关闭抽滤泵,以防止倒吸现象的发生。

4. 减压过滤后加入乙醇的量不宜过多,否则晶体析出速度过快而呈现粉末状态,析晶的时间越长,晶体结构越漂亮。

六、实验思考题

1. 怎样确定 $K_3Fe[(C_2O_4)_3]$ 中的铁含量?

2. 三草酸合铁(Ⅲ)酸钾制备实验中,沉淀发生溶解后趁热过滤,在滤液中加入乙醇的作用是什么?

3. 根据三草酸合铁(Ⅲ)酸钾的制备过程及其性质实验,得到的产品该如何保存?

三草酸合铁酸钾的制备与性质实验学生问题反馈

回答问题只可选一项,在"□"内打"√"即可

1. 你是否阅读实验教材,认真撰写预习报告?

　　□是; 　□否; 　□不确定

2. 你在实验前是否完整仔细的观看过本实验录像?

　　□是; 　□否; 　□只看了一部分

3. 你认为自己使用胶头滴管的操作是否规范?

　　□是; 　□否

4. 你是否掌握了沉淀洗涤和倾泻的方法?

　　□是; 　□否; 　□不肯定或一般

5. 你是否学会使用水浴锅控制加热温度?

　　□是; 　□否; 　□不肯定或一般

6. 你是否提前制作了遮挡图案?

　　□是; 　□否; 　□不肯定或一般

7. 你在减压过滤时是否使用蒸馏水洗涤最后的产品?

　　□是; 　□否; 　□不肯定或一般

8. 你是否学会了制作感光纸?

　　□是; 　□否; 　□不肯定或一般

9. 你对自己在整个实验过程中最满意的部分是什么?

实验六　药用氯化钠的性质及杂质限度检查（4 学时）

预习要求：

1. 能够正确进行称量、加热、溶解、移液等基本操作。
2. 能够正确使用比色管进行比浊分析和比色分析。
3. 能够正确进行试管加热反应。
4. 能够初步学会药典的使用方法。

药用氯化钠的性质及杂质限度检查视频

一、实验目的

1. 掌握鉴别反应的基本原理。
2. 熟悉比色分析和比浊分析的原理与方法。
3. 了解药典对药用氯化钠的鉴别和检查方法。

二、实验原理

1. 鉴别试验是对被检测药品组成或离子的特征试验。本实验是对氯化钠的组成离子 Na^+ 和 Cl^- 的特征检验，Na^+ 离子可用焰色反应鉴别（不做）；而 Cl^- 的鉴别主要使用沉淀反应和还原性试验鉴别（鉴别时一般至少要有两个证据）。

2. 钡盐、钙盐、镁盐、铁盐、硫酸盐的限度检验，是在《中华人民共和国药典》规定的杂质最高含量限度以下控制杂质的含量。硫酸盐采用比浊分析，样品管和标准管在相同条件下进行比浊试验，样品管不得比标准管更混浊。铁盐采用比色分析，样品管和标准管在相同条件下进行比色试验，样品管颜色不得比标准管更深。钡盐、钙盐、镁盐加入沉淀剂后不得出现混浊。

三、实验仪器与材料

电子天平，试管，试管架，试管夹，酒精灯，奈氏比色管，移液器，恒温水浴锅，$0.1mol \cdot L^{-1}$ HCl，$0.5mol \cdot L^{-1}$ H_2SO_4，氨试液，25% $BaCl_2$ 溶液，$0.1mol \cdot L^{-1}$ AgN，$0.1mol \cdot L^{-1}$ $KMnO_4$，$0.1mol \cdot L^{-1}$ $MgCl_2$，$0.1mol \cdot L^{-1}$ $(NH_4)_2S_2O_8$，$0.1mol \cdot L^{-1}$ NH_4SCN，$0.1mol \cdot L^{-1}$ Na_2HPO_4，$0.1mol \cdot L^{-1}$ $CaCl_2$，标准硫酸钾溶液，标准铁盐溶液，pH 试纸，淀粉-KI 试纸，$0.1mol \cdot L^{-1}$ $(NH_4)_2C_2O_4$

四、实验内容

1. 氯化物的鉴别实验

（1）沉淀反应：取盛有氯化钠溶液的一支试管，加 2 滴硝酸银溶液，即生成白色凝乳状沉淀，沉淀溶于氨试液，但不溶于硝酸。

$$Cl^- + Ag^+ = AgCl\downarrow$$
$$AgCl + 2NH_3 = [Ag(NH_3)_2]^+ + Cl^-$$

（2）还原性试验：取盛有氯化钠溶液的一支试管，加 $KMnO_4$ 与稀 H_2SO_4 加热，即产生氯气，遇淀粉-KI 试纸显蓝色。

$$10Cl^- + 2MnO_4^- + 16H^+ = 5Cl_2\uparrow + 2Mn^{2+} + 8H_2O$$
$$Cl_2 + 2KI = 2KCl + I_2$$

2. 氯化钠的杂质限度检查

（1）钡盐的检验：取盛有氯化钠溶液的两支试管，一份中加 1ml 稀硫酸，另一份加 1ml 蒸馏水，静置 15min，两液应同样澄清。

$$离子反应方程式为：Ba^{2+} + SO_4^{2-} = BaSO_4\downarrow$$

（2）钙盐的检验：取盛有氯化钠溶液的一支试管，加入 0.5ml 草酸铵试液摇匀，加 0.5ml 氨试液，5min 内不得发生浑浊。

对比试验：取钙盐溶液 1ml，加入 0.5ml 草酸铵试液摇匀，加 0.5ml 氨试液，有白色浑浊。

$$Ca^{2+} + C_2O_4^{2-} = CaC_2O_4\downarrow（白色）$$

（3）镁盐的检验：取盛有氯化钠溶液的一支试管，加 0.5ml 磷酸氢二钠试液，加入 0.5ml 氨试液摇匀，5 分钟内不得发生浑浊。

对比试验：取镁盐溶液 1ml，加入 0.5ml 磷酸氢二钠试液，加入 0.5ml 氨试液摇匀，有白色浑浊。

$$Mg^{2+} + HPO_4^{2-} + NH_3 = MgNH_4PO_4\downarrow（白色）$$

3. 氯化钠的限量检查

（1）硫酸盐的检验（比浊分析）：选取规格相同的 50ml 奈氏比色管两支，贴上标签，分别标注好标准管和样品管。

样品管：加入氯化钠样品 5g，加水至 25ml，振摇比色管使其溶解（不要用玻璃棒搅拌），然后加入 $0.1mol \cdot L^{-1}$ HCl 1ml，放置 30~35℃ 水浴中保温 10min，再加 25% $BaCl_2$ 溶液 3ml，稀释至 50ml，摇匀，放置 10min。

标准管：加入标准硫酸钾溶液 1ml（每 1ml 标准硫酸钾溶液相当于 $100\mu g$ 的 SO_4^{2-}），加蒸馏水稀释至 25ml，加 $0.1mol \cdot L^{-1}$ HCl 1ml，放置 30~35℃ 水浴中保温 10min，加 25% $BaCl_2$ 溶液 3ml，稀释至 50ml，摇匀，放置 10min。

10min 后将标准管和样品管置于比色管架上，在光线明亮处双眼由上而下透视，比较两管的混浊度，样品管的混浊度不得高于标准管（0.002%）。

（2）铁盐的检验（比色分析）：选取规格相同的 50ml 奈氏比色管两支，贴上标签，分别标注好标准管和样品管。

样品管：加入氯化钠样品 5g，加蒸馏水至 25ml 溶解后，加入 $0.1mol \cdot L^{-1}$ HCl 5ml，新配 $0.1mol \cdot L^{-1}$ 过硫酸铵几滴，再加硫氰酸铵试液 5ml，蒸馏水稀释至 50ml，摇匀显色。

标准管:加入标准铁盐溶液 1.5ml(每 1ml 相当于 $10\mu g$ 的铁),加入 $0.1mol \cdot L^{-1}$ HCl 5ml,新配 $0.1mol \cdot L^{-1}$ 过硫酸铵几滴,再加硫氰化酸试液 5ml,蒸馏水稀释至 50ml,摇匀,显色。

要求样品管的颜色低于标准管(0.000 3%),反应式为:

$$Fe^{3+}+6SCN^- \rule[0.5ex]{1em}{0.4pt}\kern-1em\rule[0.3ex]{1em}{0.4pt} [Fe(SCN)_6]^{3-} \quad 血红色$$

五、注意事项

1. 在试管口放置淀粉-KI 试纸时不要将试纸与管中试剂及反应液接触,否则将干扰实验。

2. 钡盐的检验实验要在 15min 后进行观察,因此实验中应该标注好试管的名称,以防弄混。

3. 钙盐和镁盐检验实验中,样品管不得出现浑浊。

4. 进行比浊或比色试验时要选择规格完全相同的两支比色管,并且在同一条件下进行。

5. 限量检查实验中量取的标准硫酸盐和标准铁盐的体积要准确。

六、思考题

1. 本实验中鉴别反应的原理是什么?

2. 何种离子的检验可选用比色试验?

3. 何种分析方法称为限量分析?

▥ **药用氯化钠的性质及杂质限度检查实验学生问题反馈**

回答问题只可选一项,在"□"内打"√"即可

1. 你是否阅读实验教材,认真撰写预习报告?

　　□是;　□否;　□不肯定或一般

2. 你在实验前是否完整仔细地看过本实验录像?

　　□是;　□否;　□只看了一部分

3. 你在实验前是否查阅过《中华人民共和国药典》了解对药用氯化钠的要求?

　　□是;　□否;　□不肯定或一般

4. 你能否准确使用移液器定量移取液体?

　　□是;　□否;　□不肯定或一般

5. 你是否掌握鉴别实验的原理?

　　□是;　□否;　□不肯定或一般

6. 你是否学会了使用淀粉-KI 试纸?

　　□是;　□否;　□不肯定或一般

7. 你在进行限量检查实验前是否对比色管进行筛选?

□是；　□否；　□不肯定或一般

8. 你在比色时是否自上而下进行的透视？

　　□是；　□否；　□不肯定或一般

9. 你制备的氯化钠各项指标检查是否合格？

　　□是；　□否；　□不肯定或一般

10. 你对自己在无机化学实验中的表现是否满意？

　　□是；　□否；　□不肯定或一般

实验七　四大平衡理论的性质实验（6 学时）

 预习要求：

> 1. 预习教材中四大平衡理论及其相互关系。
> 2. 预习离心机的结构和操作使用步骤。
> 3. 预习液体加热的方法和操作要点。

一、实验目的

1. 掌握同离子效应以及其对弱电解质解离平衡的影响。
2. 定性观察浓度、酸度、温度、催化剂对氧化还原反应的方向、产物、速度的影响。
3. 了解影响配合平衡移动的因素。
4. 熟悉过滤和试管的使用等基本操作。

二、实验原理

弱电解质溶液中加入含有相同离子的另一强电解质时，使弱电解质的解离程度降低，这种效应称为同离子效应。

根据能斯特方程：

$$E = E^{\ominus} + \frac{0.059\,2}{n} \times \lg \frac{[\text{氧化型}]}{[\text{还原型}]}$$

其中 $\frac{[\text{氧化型}]}{[\text{还原型}]}$ 表示氧化态一边各物质浓度幂次方的乘积与还原态一边各物质浓度幂次方乘积之比。所以氧化型或还原型的浓度、酸度改变时，则电极电势 E 值必定发生改变，从而引起电动势 E_{MF} 将发生改变。准确测定电动势是用对消法在电位计上进行的。本实验只是为了定性进行比较，所以采用伏特计。浓度及酸度对电极电势的影响，可能导致氧化还原反应方向的改变，也可以影响氧化还原反应的产物。

配合物在水溶液中存在有配合平衡：

$$M^{n+} + aL^- \Longrightarrow ML_a^{n-a}$$

配合物的稳定性可用平衡常数 $K_{\text{稳}}^{\ominus}$ 来衡量。根据化学平衡的知识可知，增加配体或金属离子浓度有利于配合物的形成，而降低配体或金属离子浓度有利于配合物的解离。因此，弱酸或弱碱作为配体时，溶液酸碱性的改变会导致配合物的形成或解离。若有沉淀剂能与中心离子形成沉淀反应，则会减少中心离子的浓度，使配合平衡向解离的方向移动，最终导致配合物的解离。若在一种沉淀中加入一种配体，能与中心离子形成稳定性更好的配合物，则又可能使沉淀溶解。总之，配合平衡与沉淀平衡的关系是向着生成更难解离或更难溶解的物质的方向移动。

中心离子与配体结合形成配合物后，由于中心离子的浓度发生了改变，因此电极电势数值也改变，从而改变了中心离子的氧化还原能力。

三、实验仪器与材料

试管,试管架,离心试管,漏斗,离心机,滤纸,$0.1mol \cdot L^{-1}$ $FeCl_3$,$0.1mol \cdot L^{-1}$ $AgNO_3$,$0.1mol \cdot L^{-1}$ $Na_2S_2O_3$,饱和 $Na_2S_2O_3$,$0.1mol \cdot L^{-1}$ Na_2S,$0.1mol \cdot L^{-1}$ $NaCl$,NH_4Cl(固体)$0.1mol \cdot L^{-1}$ $KSCN$,$0.1mol \cdot L^{-1}$ $Fe_2(SO_4)_3$,浓 HNO_3,$1mol \cdot L^{-1}$ HNO_3,$3mol \cdot L^{-1}$ HAc,$1mol \cdot L^{-1}$ H_2SO_4,$3mol \cdot L^{-1}$ H_2SO_4,$0.1mol \cdot L^{-1}$ $H_2C_2O_4$,浓 $NH_3 \cdot H_2O$,$6mol \cdot L^{-1}$ $NaOH$,$40\% NaOH$,$0.001mol \cdot L^{-1}$ $KMnO_4$,锌粒

四、实验内容

1. 同离子效应　取两支试管,各加入 1ml 蒸馏水,2 滴 $NH_3 \cdot H_2O$ 溶液,再滴入一滴酚酞溶液,混合均匀,观察溶液显什么颜色。在其中一支试管中加入$\frac{1}{4}$匙 NH_4Cl 固体,振荡使之溶解,观察溶液的颜色,并与另一试管中的溶液比较。

根据以上实验指出同离子效应对电离度的影响。

2. 浓度和酸度对氧化还原产物的影响

(1) 取两支试管,各放一粒锌粒,分别滴加 3 滴浓 HNO_3 和 2ml $1mol \cdot L^{-1}$ HNO_3,观察所发生现象,写出有关反应式。浓 HNO_3 被还原后的产物可通过观察生成气体的颜色来判断。稀 HNO_3 的还原产物可用气室法检验溶液中是否 NH_4^+ 离子生成的方法来确定。

气室法检验 NH_4^+ 离子:将 5 滴被检验溶液滴入一个表面皿中,再加 3 滴 $40\% NaOH$ 混匀。将另一个较小的表面皿中黏附一小块湿润的红色石蕊试纸,把它盖在大的表面皿上做成气室。将此气室放在水浴上微热两分钟,若石蕊试纸变蓝色,则表示有 NH_4^+ 离子存在。

(2) 在 3 支试管中,各加入 0.5ml $0.1mol \cdot L^{-1}$ Na_2SO_3 溶液,再分别加入 $1mol \cdot L^{-1}$ H_2SO_4、蒸馏水、$6mol \cdot L^{-1}$ $NaOH$ 溶液各 0.5ml,摇匀后,往三支试管中加入几滴 $0.001mol \cdot L^{-1}$ $KMnO_4$ 溶液。观察反应产物有何不同?

$$5SO_3^{2-}+2MnO_4^-+6H^+ \Longrightarrow 2Mn^{2+}(肉色)+5SO_4^{2-}+3H_2O$$
$$3SO_3^{2-}+2MnO_4^-+H_2O \Longrightarrow 2MnO_2\downarrow(棕黑色)+3SO_4^{2-}+2OH^-$$
$$SO_3^{2-}+2MnO_4^-+2OH^- \Longrightarrow 2MnO_4^{2-}(绿色)+SO_4^{2-}+H_2O$$

3. 四大平衡的关系

(1) 配合平衡与沉淀溶解平衡:在一支离心试管中加入 3 滴 $0.1mol \cdot L^{-1}$ $AgNO_3$ 溶液,然后按下列次序进行实验,并写出每一步骤的反应方程式:

1) 滴加 1 滴 $0.1mol \cdot L^{-1}$ $NaCl$ 溶液至刚生成沉淀;
$$Cl^-+Ag^+ \Longrightarrow AgCl\downarrow$$

2) 加入 $6mol \cdot L^{-1}$ $NH_3 \cdot H_2O$ 至沉淀刚溶解;
$$AgCl+2NH_3 \cdot H_2O \Longrightarrow [Ag(NH_3)_2]^++Cl^-+2H_2O$$

3) 加入 1 滴 $0.1mol \cdot L^{-1}$ KBr 溶液至刚生成沉淀;
$$[Ag(NH_3)_2]^++Br^-+2H_2O \Longrightarrow AgBr\downarrow+2NH_3 \cdot H_2O$$

4) 加入 $0.1mol \cdot L^{-1}$ $Na_2S_2O_3$ 溶液,边滴边剧烈振荡至沉淀刚溶解;
$$AgBr+2S_2O_3^{2-} \Longrightarrow [Ag(S_2O_3)_2]^{3-}+Br^-$$

5）加入 1 滴 0.1mol·L^{-1} KI 溶液至刚生成沉淀；

$$[Ag(S_2O_3)_2]^{3-}+I^-\Longrightarrow AgI\downarrow+2S_2O_3^{2-}$$

6）加入饱和 Na$_2$S$_2$O$_3$ 溶液至沉淀刚溶解；

$$AgI+2S_2O_3^{2-}\Longrightarrow[Ag(S_2O_3)_2]^{3-}+I^-$$

7）加入 0.1mol·L^{-1} Na$_2$S 溶液至刚生成沉淀；

$$2[Ag(S_2O_3)_2]^{3-}+S^{2-}\Longrightarrow Ag_2S\downarrow+4S_2O_3^{2-}$$

试从几种沉淀的溶度积和几种配离子的稳定常数大小加以解释。

（2）配合平衡与氧化还原反应：取两支试管，各加入 5 滴 0.1mol·L^{-1} FeCl$_3$ 溶液及 10 滴 CCl$_4$。然后在一支试管中加 5 滴 0.1mol·L^{-1} KI 溶液，另一支试管中滴加 2mol·L^{-1} NH$_4$F 溶液至溶液变为无色，再加入 5 滴 0.1mol·L^{-1} KI 溶液。比较两试管中 CCl$_4$ 层的颜色，解释现象并写出有关的离子方程式。

$$2Fe^{3+}+2I^-\Longrightarrow 2Fe^{2+}+I_2$$

$$Fe^{3+}+6F^-\Longrightarrow[FeF_6]^{3-}$$

（3）配合平衡和酸碱反应

1）在自制的硫酸四氨合铜溶液中，逐滴加入稀硫酸溶液，直至溶液呈酸性，观察现象，写出反应式。

$$[Cu(NH_3)_4]^{2+}+4H^+\Longrightarrow Cu^{2+}+4NH_4^+$$

2）在自制的 K$_3$[Fe(SCN)$_6$]溶液中，逐滴加入 0.1mol·L^{-1} NaOH 溶液，观察现象，写出反应式。

$$[Fe(SCN)_6]^{3-}+3OH^-\Longrightarrow Fe(OH)_3\downarrow+6SCN^-$$

五、注意事项

1. 取用液体试剂时，严禁将滴瓶中的滴管伸入试管内，或用试验者的滴管到试剂瓶中吸取试剂，以免污染试剂。取用试剂后，必须把滴管放回原试剂瓶中，不可置于实验台上，以免弄混及交叉污染试剂。

2. 用试管加热液体时，液体量不能过多，一般以不超过试管体积的 $\frac{1}{3}$ 为宜。试管夹应该夹在距离管口 1~2cm 处，然后夹持试管，从液体的上部开始加热，再过渡到试管下部，并不断地晃动试管，以免由于局部过热，液体喷出或受热不均使试管炸裂。加热时，应注意试管口不能朝向别人或自己。

3. 在配合平衡与沉淀溶解平衡的关系实验中，凡是生成沉淀的步骤，沉淀量要少，即到刚生成沉淀为宜；凡是使沉淀溶解的步骤，加入溶液量越少越好，即使沉淀刚溶解为宜。

4. 实验过程中使用的锌粒要回收。

六、实验思考题

1. 同离子效应对弱电解质的电离度和难溶电解质的溶解度各有什么影响？

2. 如何将反应 KMnO$_4$+KI+H$_2$SO$_4$$\Longrightarrow$MnSO$_4$+I$_2$+H$_2$O 设计成一个原电池？写出原电池符号及电极反应式。

3. 总结本实验中观察到的现象以及影响配合平衡的因素有哪些。

实验八　矿物药的鉴别（4 学时）

 预习要求：

　　1. 预习教材常见矿物药的名称和基本组成；

　　2. 预习 s、p、d、ds 区元素的性质。

一、实验目的

　　1. 熟悉朴硝、硝石、铅丹、赭石、自然铜、炉甘石、轻粉等 7 种矿物药的主要成分及化学鉴定方法。

　　2. 培养学生灵活运用已掌握的理论知识和实验技能，初步学会用化学方法鉴别药材，提高学生的学习兴趣。

　　3. 继续熟悉称量、离心、过滤、试管的使用、微型反应的操作等基本实验技能。

二、实验原理

（一）硫酸根离子的鉴别

硫酸根离子可与钡盐生成白色沉淀，此沉淀不溶于硝酸。

$$Ba^{2+}+SO_4^{2-}=\!=\!=BaSO_4\downarrow$$

（二）碳酸根离子的鉴别

碳酸根离子与稀盐酸反应有气体产生，该气体能使澄清的石灰水变混浊。

$$CO_3^{2-}+2H^+=\!=\!=CO_2\uparrow+H_2O$$

$$CO_2+Ca(OH)_2=\!=\!=CaCO_3\downarrow+H_2O$$

（三）锌离子的鉴别

锌离子与亚铁氰化钾反应生成蓝白色沉淀，此沉淀在稀酸中不溶解。

$$2Zn^{2+}+[Fe(CN)_6]^{4-}=Zn_2[Fe(CN)_6]\downarrow$$

（四）铅丹的鉴别

铅丹主要成分为四氧化三铅（Pb_3O_4），或写作 $2PbO\cdot PbO_2$。

　　1. Pb_3O_4 可以和 HNO_3 反应，歧化生成 Pb^{2+} 和深棕色 PbO_2 沉淀，过滤取滤液：

　　（1）向滤液中加铬酸钾试液可产生黄色沉淀，再加入 $2mol\cdot L^{-1}$ 氨水或 $2mol\cdot L^{-1}$ 稀硝酸沉淀均不溶解；而向沉淀中加入 $2mol\cdot L^{-1}$ 氢氧化钠试液，沉淀立即溶解；

　　（2）向滤液中加碘化钾试液有黄色沉淀生成，向沉淀中加入 $2mol\cdot L^{-1}$ 的醋酸钠试液，沉淀溶解。

$$Pb_3O_4+4HNO_3=\!=\!=2Pb(NO_3)_2+PbO_2\downarrow+2H_2O$$

$$Pb^{2+}+CrO_4^{2-}=\!=\!=PbCrO_4\downarrow$$

$$PbCrO_4+2OH^-=\!=\!=Pb(OH)_2\downarrow+CrO_4^{2-}$$

$$Pb(OH)_2+OH^-=\!=\!=Pb(OH)_3^-$$

$$Pb^{2+}+2I^-=\!=\!=PbI_2\downarrow$$

$$PbI_2 + 2Ac^- = Pb(Ac)_2\downarrow + 2I^-$$

2. 铅丹加浓盐酸后,有氯气产生,可使湿润的碘化钾淀粉试纸变蓝色;并产生白色氯化铅沉淀。

$$PbO_2 + 4HCl = PbCl_2\downarrow + H_2O + Cl_2\uparrow$$

$$Pb^{2+} + 2Cl^- = PbCl_2\downarrow$$

(五) 铁离子的鉴别

1. 铁离子与亚铁氰化钾反应立即生成深蓝色沉淀,此沉淀不溶于稀盐酸,但加入氢氧化钠有棕色沉淀生成:

$$K^+ + Fe^{3+} + Fe(CN)_6^{4-} = KFe[Fe(CN)_6]\downarrow$$

2. 铁离子与硫氰酸铵反应显血红色

$$Fe^{3+} + nSCN^- = [Fe(SCN)_n]^{3-n}(n = 1\sim 6)$$

(六) 轻粉的鉴别

将轻粉 Hg_2Cl_2 和无水 Na_2CO_3 一起放在试管中共热后,在干燥试管壁上有金属 Hg 析出:

$$Hg_2Cl_2 + Na_2CO_3(无水) = Hg\downarrow + HgO + 2NaCl + CO_2\uparrow$$

三、实验仪器与材料

试管,离心试管,具支试管,试管架,试管夹,烧杯,玻璃漏斗,酒精灯(或水浴锅),离心机,点滴板,量筒,洗瓶,玻璃棒,硝石(饱和、$1mol\cdot L^{-1}$),赭石粉末,自然铜粉末,炉甘石粗粉,铅丹粉末,轻粉粉末,$BaCl_2$ 溶液(25%),四苯硼钠溶液($1mol\cdot L^{-1}$),$FeSO_4$(饱和),浓 H_2SO_4,氨水($2mol\cdot L^{-1}$),$Ca(OH)_2$ 溶液(饱和),亚铁氰化钾($0.5mol\cdot L^{-1}$),HNO_3 溶液(浓、$1mol\cdot L^{-1}$),$NaOH$(25% $2mol\cdot L^{-1}$),$KSCN$($0.1mol\cdot L^{-1}$),盐酸($1mol\cdot L^{-1}$),KI($0.1mol\cdot L^{-1}$),$NaAc$($2mol\cdot L^{-1}$),铬酸钾溶液($0.1mol\cdot L^{-1}$),无水 $NaCO_3$ 固体,广泛 pH 试纸,滤纸,碘化钾淀粉试纸,镍铬丝

四、实验内容

(一) 炉甘石($ZnCO_3$)的鉴定

1. 碳酸根离子的鉴别 取炉甘石粗粉 1g,置于支管试管中,在其中加入 $1mol\cdot L^{-1}$ 盐酸 10ml,即泡沸。将得到的气体通入饱和氢氧化钙试液中,观察现象,写出反应方程式并解释。

2. 锌离子的鉴别 将上述支管试管中试液过滤,在滤液中加入 $0.5mol\cdot L^{-1}$ 亚铁氰化钾化溶液数滴,微热,观察现象,写出反应方程式并解释。

(二) 自然铜(FeS_2)的鉴别

取自然铜末 0.1g,用 1ml 浓硝酸溶解,静置片刻后,加水 2ml 稀释,过滤,弃去残渣,将滤液分成三份,其中两份分别置于试管中,一份置于离心管中待用。

1. Fe^{3+} 的鉴别 在装有滤液的一支试管中加入数滴 $0.1mol\cdot L^{-1}$ 亚铁氰化钾,观察现象,在另一支装滤液的试管中加入 $0.1mol\cdot L^{-1}$ 硫氰酸钾试液数滴,有血红色出现,在血红色溶液加入 $2mol\cdot L^{-1}$ 氢氧化钠,观察现象,写出反应方程式并解释。

2. 硫的鉴别 在装有滤液的离心管中加入氯化钡试液,有白色沉淀产生,离心,弃去上层清液,在沉淀中加入数滴 $1mol\cdot L^{-1}$ 硝酸,观察现象并解释。

（三）赭石（Fe_2O_3）鉴别

取赭石粉末1g，加入$1mol \cdot L^{-1}$盐酸10ml，振摇后过滤，将滤液分盛于一支普通试管和一支离心管中。

1. 在离心管中加入$0.5mol \cdot L^{-1}$的亚铁氰酸钾数滴，观察现象；离心分离，在沉淀中分别加入稀盐酸及25%氢氧化钠试液，观察现象，写出反应方程式并解释。

2. 在另一试管中加入$0.1mol \cdot L^{-1}$硫氰酸钾，观察有何现象发生，并加以解释。

（四）铅丹（Pb_3O_4）的鉴别

1. 取铅丹粉末约0.2g于试管中，加1ml $1mol \cdot L^{-1}$盐酸，加热，用湿润的碘化钾淀粉试纸检查产生的气体；并观察沉淀的颜色，写出反应方程式并解释。

2. 取铅丹粉末约0.5g于试管中，加入浓硝酸1ml，红色铅丹转化为深棕色沉淀，放置片刻，加2ml水稀释，过滤，分别进行以下实验：

（1）在滤液中加入$0.1mol \cdot L^{-1}$的碘化钾试液数滴，观察沉淀的颜色，向沉淀中加入$2mol \cdot L^{-1}$的醋酸钠试液，观察现象，写出反应方程式并解释。

（2）在滤液中加入$0.1mol \cdot L^{-1}$铬酸钾试液数滴，观察沉淀的颜色，分别取沉淀于三个试管中，并分别加入$2mol \cdot L^{-1}$氨水、$2mol \cdot L^{-1}$氢氧化钠试液及$2mol \cdot L^{-1}$醋酸钠试液，观察三个试管中的现象，写出反应方程式并解释。

（五）轻粉（Hg_2Cl_2）的鉴别

将0.2g轻粉和少许无水Na_2CO_3一起放在试管中共热后，观察试管壁上有何现象，并解释。

五、注意事项

1. 铅丹、轻粉属有毒物质，需严格控制取量，实验结束后的所有废液需倒入废液缸经处理后排放。

2. 实验过程中有Cl_2等有害气体产生，应放在通风橱中进行，实验室需保持良好通风状态。

3. 滴管使用时，滴管口不得接触试管口，禁忌滴管倒置、倾斜。

六、实验思考题

1. 鉴别炉甘石时，在氢氧化钙溶液中通入气体，产生白色沉淀后，继续通入气体，白色沉淀消失，为什么？

2. 用沉淀-溶解平衡原理解释铅丹的鉴别。

实验九　氯化铅溶度积常数的测定（6 学时）

 预习要求：

　　1. 预习离子交换的基本原理。
　　2. 预习装柱、交换、洗脱、滴定的基本步骤和条件。

一、实验目的

1. 了解用离子交换法测定难溶电解质溶度积的原理和方法。
2. 学习离子交换树脂的一般使用方法。
3. 进一步训练酸碱滴定的基本操作。

二、实验原理

　　离子交换树脂是高分子化合物。这类化合物具有可供离子交换的活性基团，具有酸性交换基团（如磺酸基—SO_3H、羧酸基—COOH）、能和阳离子进行交换的叫阳离子交换树脂；具有碱性交换基团（如—NH_3Cl）、能和阴离子进行交换的叫阴离子交换树脂。本实验中采用的是 1×7 强酸型阳离子交换树脂，这种树脂出厂时一般是 Na^+ 型，即活性基团为—SO_3Na，如用 H^+ 把 Na^+ 交换下来，即得 H^+ 型树脂。

　　一定量的饱和 $PbCl_2$ 溶液与 H^+ 型阳离子树脂充分接触后，下列交换反应能进行得很完全。

$$2R\text{-}SO_3H+PbCl_2 =\!=\!= (R\text{-}SO_3)_2Pb+2HCl$$

　　交换出的 HCl，可用已知浓度的 NaOH 溶液来滴定。根据物质的量反应条件即可算出二氯化铅饱和溶液的浓度，从而可求得 $PbCl_2$ 的溶解度和溶度积。其计算公式如下：

$$c_{NaOH} \cdot V_{NaOH} = c_{HCl} \cdot V_{HCl} = 2c_{PbCl_2} \cdot V_{PbCl_2}$$

$$c_{PbCl_2} = \frac{c_{NaOH} \cdot V_{NaOH}}{2V_{PbCl_2}}$$

$$[Pb^{2+}] = c_{PbCl_2}, \quad [Cl^-] = 2c_{PbCl_2}$$

$$K_{sp}^{\ominus}(PbCl_2) = [Pb^{2+}] \cdot [Cl^-]^2 = c_{PbCl_2} \cdot [2c_{PbCl_2}]^2 = 4(c_{PbCl_2})^3$$

已有 Pb^{2+} 交换上去的树脂可用不含 Cl^- 的 0.1mol·L^{-1} HNO_3 溶液进行淋洗，使树脂重新转化为酸型，称之为再生（可由实验准备室统一处理）。

三、实验仪器与材料

　　碱式滴定管（2 支），移液管（25ml），量筒（50ml），小烧杯（100ml），锥形瓶，铁架台，滴定台架，棉花，螺旋夹，洗耳球，广泛 pH 试纸，长玻棒，0.1mol·L^{-1} HNO_3，0.05mol·L^{-1} NaOH，$PbCl_2$ 饱和溶液，酚酞指示剂，1×7 强酸型阳离子交换树脂

四、实验内容

　　1. 装柱　在离子交换柱内装入少量水，将下部空气排掉，底部填入少量棉花。用小烧

杯往柱中装入带水的阳离子交换树脂(已事先处理好的氢型树脂),至净柱高(不算水的高度)约15cm。如装入水太多,可松开螺旋夹,让水慢慢流出,直到液面略高于树脂后夹紧螺旋夹。在以上操作中,一定要使树脂始终浸在溶液中,勿使溶液流干,否则气泡进入树脂柱中,将影响离子交换的进行。若出现少量气泡,可加入少量蒸馏水,使液面高出树脂,并用玻璃棒搅动树脂,以便赶走气泡;若气泡量多,必须重新装柱。

2. 交换与洗涤   先用蒸馏水洗涤交换柱,使流出的溶液的pH值显示中性,夹好螺旋夹。

用移液管精确吸取25ml PbCl$_2$饱和溶液,放入离子交换柱中。控制交换柱流出液的速度,25~30滴/min,不宜太快。用洁净的锥形瓶承接流出液。待PbCl$_2$饱和溶液接近树脂层上表面时,用40ml蒸馏水分批洗涤交换树脂,直至流出液呈中性(流出液仍接在同一锥形瓶中)。在整个交换过程中,勿使流出液损失。

3. 滴定   在全部流出液中,加入1~2滴酚酞指示剂,用标准NaOH溶液滴定至终点,即出现粉红色30秒钟不褪色。

数据记录与结果处理

室温(℃)	NaOH标准溶液的用量(V_2-V_1)(ml)
PbCl$_2$饱和溶液的用量 V(ml)	PbCl$_2$的溶解度 s(mol·L^{-1})
NaOH标准溶液的浓度 c(mol·L^{-1})	PbCl$_2$的$K_{sp}^{\ominus}$(PbCl$_2$)测定值
滴定前滴定管上的读数 V_1(ml)	PbCl$_2$的$K_{sp}^{\ominus}$(PbCl$_2$)参考值
滴定后滴定管上的读数 V_2(ml)	

分析误差产生的原因:

五、注意事项

1. 整个树脂柱中不能有气泡,否则会影响离子交换的进行。

2. 一旦加入PbCl$_2$的饱和溶液,流出液就要换一洁净锥形瓶承接,且洗涤液也承接在此锥形瓶中,不得损失。

3. 滴定操作只能有一次,故滴定时务必谨慎小心。

六、实验思考题

1. 离子交换过程中,为什么液体的流速不宜太快?

2. 为什么在交换洗涤过程中要保持液面高于离子交换柱?

实验十　磺基水杨酸合铁（Ⅲ）配合物的组成及稳定常数测定(6学时)

预习要求：

　　1. 预习 722 型分光光度计的使用方法。
　　2. 预习配位化合物的稳定常数及配位数的计算方法。

一、实验目的

1. 了解光度法测定配合物的组成及稳定常数的原理和方法。
2. 学习分光光度计的使用。
3. 测定 pH = 2~3 时磺基水杨酸合铁（Ⅲ）配合物的组成及其稳定常数。

二、实验原理

　　磺基水杨酸是弱酸(以 H_3R 表示)，在不同 pH 值溶液中可与 Fe^{3+} 形成组成不同的配合物。pH = 2~3 时 Fe^{3+} 与磺基水杨酸能形成稳定的 1∶1 的红褐色配合物,本实验采用加入一定量的 $HClO_4$ 溶液来控制溶液的 pH 值,调节 pH = 2~3 时,测定磺基水杨酸合铁（Ⅲ）配合物的组成和稳定常数。

　　通常采用分光光度法测定配合物的组成。当某单色光通过溶液时,一部分光被吸收,其能量就会被吸收而减弱,光能量减弱的程度和物质的浓度有一定的关系,光学上用 T(透光度)或 A(吸光度)来表示:

$$T = \frac{I_i}{I_0}$$

$$A = -\lg \frac{I_i}{I_0}$$

I_0—入射光强度,I_i—透射光强度。根据朗伯-比尔定律:

$$A = \varepsilon c d$$

　　ε 为消光系数,c 为溶液的浓度,d 为溶液的厚度(比色皿的厚度),当液层的厚度固定时,溶液的吸光度与有色物质的浓度成正比。即:

$$A = k' \cdot c$$

　　由于磺基水杨酸是无色的,Fe^{3+} 离子的浓度很低,可认为基本无色,只有磺基水杨酸合铁（Ⅲ）配离子有色。磺基水杨酸合铁（Ⅲ）配离子在 500nm 有最大吸收值。故在此波长下,可通过测定系列溶液的吸光度 A,进一步求出配合物的组成。

　　本实验采用等摩尔系列法测定配位化合物的组成和稳定常数。该法是在保持中心离子 M 与配体 R 的浓度之和不变的条件下,通过改变 M 与 R 的摩尔比,配制一系列溶液,某些溶液中心离子过量,某些配体过量,但配离子浓度都不是最大。只有当金属离子和配体的摩尔比与配离子组成一致时,配离子的浓度才最大。由于金属离子和配体基本无色,所以配离子的浓度越大,溶液的颜色越深,吸光度值也越大。通过测定系列溶液的吸光度 A,以 A 对

$c_M/(c_M+c_R)$作图,得一曲线,如图30所示:

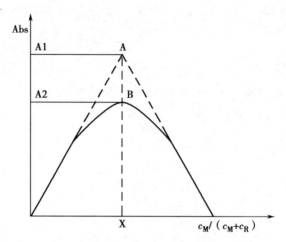

图30　磺基水杨酸合铁(Ⅲ)配合物的吸光度-组成图

将曲线两边的直线延长相交于 A 点,其对应的吸光度为 A_1(吸光度最大值),吸光度最大值所对应的溶液组成也就是配合物的组成。对于 MR 型配合物,在吸光度最大处:

$$\frac{c_M}{c_M+c_R}=x$$

$$n=\frac{c_R}{c_M}=\frac{1-x}{x}$$

由 n 可得配位化合物的组成。

由图 1 可以看出,吸光度最大值 A_1 可被认为是 M 与 R 全部形成配合物时的吸光度,但由于配离子有部分理解,其浓度要小些,因此实验测得的最大吸光度在 B 点,其值为 A_2。配离子的离解度为:

$$\alpha=\frac{A_1-A_2}{A_1}$$

配离子的表观稳定常数可由下列平衡关系导出:M+R=MR 以 c_M 为起始金属离子 Fe^{3+} 的浓度,此时溶液中各离子平衡浓度分别为:

$$[MR]=c_M(1-\alpha)\quad[M]=\alpha\cdot c_M$$

$$[R]=\alpha\cdot c_M$$

$$K_{稳}^{\ominus}=\frac{1-\alpha}{c\alpha^2}$$

三、实验仪器与材料

722 型分光光度计,移液管,吸管,容量瓶(100ml,3 个),烧杯(100ml,11 个),$HClO_4$ 溶液($0.01mol\cdot L^{-1}$),Fe^{3+}溶液($0.01mol\cdot L^{-1}$),磺基水杨酸溶液($0.01mol\cdot L^{-1}$)。

四、实验内容

1. 系列溶液的配制

（1）0.001mol · L^{-1} Fe^{3+}溶液：准确吸取 10.00ml 0.010mol · L^{-1} Fe^{3+}溶液，加入到 100ml 容量瓶中用 0.01mol · L^{-1} $HClO_4$ 稀释至刻度，摇匀备用。

（2）0.001mol · L^{-1}磺基水杨酸溶液：准确吸取 10.00mol · L^{-1}磺基水杨酸溶液，加入到 100ml 容量瓶中用 0.01mol/$LHClO_4$ 稀释至刻度，摇匀备用。

（3）用三支 10ml 吸量管按表 4-2 体积分别吸取 0.01mol · L^{-1} $HClO_4$ 溶液、0.001mol · L^{-1} Fe^{3+}溶液和 0.001mol/L 磺基水杨酸溶液分别注于 11 只干燥洁净的小烧杯（100ml）中摇匀，配制成系列溶液：

2. 吸光度的测定 在波长为 500nm 条件下，用分光光度计依次分别测定各溶液的吸光度，填入表 4-2。

表 4-2 系列溶液组成及相应的吸光度

编号	V($HClO_4$)/ml	V(Fe^{3+})/ml	V(H_3R)/ml	$c_M/(c_M+c_R)$	A
1	10.00	0.00	10.00		
2	10.00	1.00	9.00		
3	10.00	2.00	8.00		
4	10.00	3.00	7.00		
5	10.00	4.00	6.00		
6	10.00	5.00	5.00		
7	10.00	6.00	4.00		
8	10.00	7.00	3.00		
9	10.00	8.00	2.00		
10	10.00	9.00	1.00		
11	10.00	10.00	0.00		

五、数据记录与结果处理

以吸光度 A 为纵坐标，Fe^{3+}物质的量分数 X_M 为横坐标，作 A-X_M图，求磺基水杨酸合铁（Ⅲ）配合物的配位体数目 n 和配合物的表观稳定常数 K_s。

六、注意事项

1. 0.001 0mol · L^{-1} Fe^{3+}溶液，0.010mol · L^{-1} Fe^{3+}溶液均用 0.01mol · L^{-1} $HClO_4$ 溶液为溶剂配制。

2. 0.01mol · L^{-1} $HClO_4$ 溶液的配制 将 4.1ml 70% $HClO_4$ 加入到 50ml 水中，再稀释到 5 000ml。

3. 0.010mol · L^{-1} Fe^{3+}溶液的配制 称取 0.482 0g（NH_4)$_2$Fe(SO_4)$_2$ · $12H_2O$，用 0.01mol · L^{-1} $HClO_4$ 溶液溶解，全部转移到 100ml 容量瓶中，再用 0.01mol/L $HClO_4$ 溶液稀释至刻度。

4. 0.10mol · L^{-1}磺基水杨酸溶液的配制 称取 0.254 0g 磺基水杨酸，用 0.01mol · L^{-1}

$HClO_4$ 溶液溶解,全部转移到 100ml 容量瓶中,再用 $0.01mol \cdot L^{-1}$ $HClO_4$ 溶液稀释至刻度。

七、实验思考题

1. 测 Fe^{3+} 与磺基水杨酸形成配合物的吸收度,为何选用波长为 500nm 的单色光进行测定?

2. 用本实验方法测定吸收度时,如何选用参比溶液?

3. 使用分光光度计应注意的事项有哪些?

附　722 型分光光度计及其使用方法

1. 722 型分光光度计(图 31)

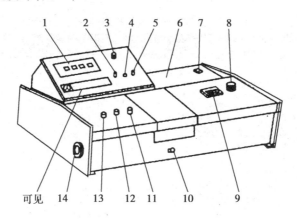

图 31　722 型分光光度计示意图

1. 数字显示屏;2. 吸光度调零旋钮;3. 功能选择开关;4. 吸光度斜率电位器;5. 浓度旋钮;

6. 光源室;7. 电源开关;8. 波长选择旋钮;9. 波长刻度窗;10. 样品架拉杆;

11. 100% T 旋钮;12. 0% T 旋钮;13. 灵敏度调节旋钮;14. 干燥器。

2. 吸光度的测定

(1) 接通电源,指示灯即亮。选择 500nm 波长,预热 30 分钟。

(2) 用功能选择开关选择透光度测定,调"0"度和"满度":打开比色皿箱盖,用 0% T 旋钮调 0 使透光度为 0。然后将参比溶液(蒸馏水或相应溶液)放入比色皿中,盖上比色皿的暗箱盖,拉动比色皿拉杆,将参比溶液置于光路中,用 100% T 旋钮调满度,使透光度为 100%。重复 2~3 次,使读数稳定。

(3) 用功能选择开关选择吸光度测定,用吸光度调零旋钮调整数字显示屏读数为零。依次将待测溶液装入 1cm 厚度的比色皿中,置于比色皿槽中,盖上箱盖拉动比色皿拉杆,分别使溶液进入光路,测出各溶液的吸光度。

(4) 注意用手轻拿比色皿毛玻璃面,每次装溶液必须用待测溶液润洗,比色皿外面用吸水纸擦干,擦时应注意保护其透光面,勿使产生划痕。

(5) 分光光度计暂时不用时,请将比色皿的暗箱盖打开,以免光电管疲劳,影响使用寿命。

(6) 测试完毕后,关闭电源,取出比色皿用蒸馏水洗净擦干,存放在比色盒内。

实验十一 $CuSO_4 \cdot 5H_2O$ 的制备与提纯

预习要求:

1. 预习趁热过滤的基本操作方法和步骤。
2. 预习结晶操作要领和步骤。

一、实验目的

1. 掌握 $CuSO_4 \cdot 5H_2O$ 制备的原理和方法。
2. 学习称量、溶解、蒸发浓缩、减压过滤、结晶等基本操作。
3. 掌握固体试剂和液体试剂的取用方法。

二、实验原理

$CuSO_4 \cdot 5H_2O$ 俗名胆矾,蓝色晶体,易溶于水,难溶于乙醇。在干燥空气中,$CuSO_4 \cdot 5H_2O$ 可缓慢风化,不同温度下会逐步脱水;若将其加热至 260℃ 以上,可失去全部结晶水而成为白色的无水 $CuSO_4$ 粉末。

$CuSO_4 \cdot 5H_2O$ 的制备方法有许多种,常见的有利用废铜粉焙烧氧化的方法制备硫酸铜(先将铜粉在空气中灼烧氧化成氧化铜,然后将其溶于硫酸而制得硫酸铜);也有采用浓硝酸作氧化剂,用废铜与硫酸、浓硝酸反应来制备硫酸铜。本实验是通过粗 CuO 粉末和稀 H_2SO_4 反应来制备硫酸铜。反应式:

$$CuO + H_2SO_4 \xlongequal{\quad\quad} CuSO_4 + 2H_2O$$

由于 $CuSO_4$ 的溶解度随温度的改变有较大变化,所以可以利用蒸发浓缩和冷却的方法得到 $CuSO_4 \cdot 5H_2O$ 晶体。

制备的粗硫酸铜含有一些可溶性和不溶性杂质。不溶性杂质可在溶解、过滤过程中除去,可溶性杂质常用化学方法除去。例如 Fe^{2+} 和 Fe^{3+} 的除去,一般是先将 Fe^{2+} 用氧化剂(如 H_2O_2 溶液)氧化为 Fe^{3+},然后调节溶液 $pH \approx 4$,再加热煮沸,以 $Fe(OH)_3$ 沉淀形式分离除去。

$$2Fe^{2+} + 2H^+ + H_2O_2 \xlongequal{\quad\quad} 2Fe^{3+} + 2H_2O$$
$$Fe^{3+} + 3H_2O = Fe(OH)_3 \downarrow + 3H^+$$

最后,通过蒸发浓缩、结晶、过滤的方法,将粗 $CuSO_4$ 的一些杂质留在母液中,得到纯度较高的水合硫酸铜晶体。

三、实验仪器与材料

试管,烧杯(100ml),量筒(10ml),表面皿,玻棒,漏斗,抽滤瓶,布氏漏斗,蒸发皿(100ml)、酒精灯、电炉、石棉网、铁架台、铁圈、托盘天平、滤纸,H_2SO_4 溶液(1mol·L^{-1}、3mol·L^{-1}),NaOH 溶液(2mol·L^{-1}),H_2O_2 溶液(3%),粗 CuO(s),滤纸、广泛 pH 试纸。

四、实验步骤

1. CuSO₄·5H₂O 粗品的制备　称取 2g 粗 CuO 粉末备用。

在洁净的蒸发皿中加入 10ml 3mol·L⁻¹ H₂SO₄ 溶液,小火加热,边搅拌边用药勺慢慢撒入称好的粗 CuO 粉末,直到 CuO 不再反应为止。反应过程中如出现结晶,可随时补加少量蒸馏水。反应完毕,趁热过滤,并用少量蒸馏水冲洗蒸发皿及滤渣,将洗涤液和滤液合并,转移入洁净的蒸发皿中,放在小火或水浴上缓慢加热,蒸发浓缩,至液面出现结晶膜时停止加热,冷却后析出蓝色晶体即为粗品 CuSO₄·5H₂O。

用药勺将晶体取出,放在表面皿上,用滤纸轻压以吸干晶体表面的水分,称重,计算产率。

2. CuSO₄·5H₂O 的提纯　称取上述粗产品 5g,放入 100ml 烧杯中,加蒸馏水 20ml,不断搅拌,小火加热使其溶解,此时若加入 2~3 滴 1mol·L⁻¹ H₂SO₄ 溶液可加速溶解。

在溶液中慢慢加入 1ml 3% H₂O₂ 溶液,加热,搅拌。逐滴加入 2mol·L⁻¹ NaOH 溶液来调节溶液酸度(pH≈4,用 pH 试纸检验)。再加热一会儿,放置(其中的 Fe²⁺ 和 Fe³⁺ 均以 Fe(OH)₃ 形式沉淀,检查是否沉淀完全),倾析法过滤,将滤液直接用洁净的蒸发皿收集,并用少量蒸馏水冲洗烧杯、玻璃棒及滤渣,收集滤液。

在滤液中滴加 1mol·L⁻¹ H₂SO₄ 溶液,调节 pH≈1~2,将溶液置于小火上缓慢蒸发,浓缩至液面出现结晶膜时停止加热,稍放置,将蒸发皿放在盛有冷水的烧杯上冷却,析出蓝色 CuSO₄·5H₂O 晶体,减压抽滤,尽量抽干,取出晶体,并用干净滤纸轻轻挤压晶体除去少量水分,将晶体称重,计算产率(回收母液)。

实验流程图如下:

1. 粗品无水硫酸铜的制备

2. 粗品无水硫酸铜的提纯

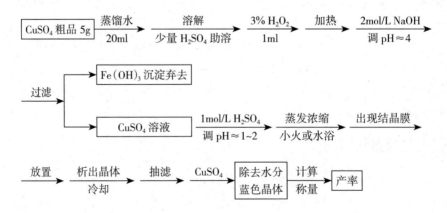

五、注意事项

1. 趁热过滤时,要先将过滤装置准备好,滤纸待抽滤时再润湿。

2. 过氧化氢溶液应缓慢分次滴加,以免过量。

3. 加热浓缩产品时表面有晶膜出现即可,不要将溶液蒸干。

4. 蒸发浓缩溶液可以直接加热,也可以用水浴加热的方法。选择时主要考虑溶剂、溶质的性质和溶质的热稳定性、氧化还原稳定性等。如 $CuSO_4 \cdot 5H_2O$ 受热时分解(热稳定性)

$$CuSO_4 \cdot 5H_2O =\!=\!= CuSO_4 \cdot 3H_2O + 2H_2O \quad (375K)$$
$$CuSO_4 \cdot 3H_2O =\!=\!= CuSO_4 \cdot H_2O + 2H_2O \quad (386K)$$
$$CuSO_4 \cdot H_2O =\!=\!= CuSO_4 + H_2O \quad (531K)$$

实验者对蒸发速度的考虑,当希望溶液平稳地蒸发,也常用水浴加热,沸腾后溶液不会溅出,当然,蒸发速度相对要慢些。

六、实验思考题

1. 提纯 $CuSO_4 \cdot 5H_2O$ 产品时,调节 pH≈4 的目的是什么?

2. 实验中加热浓缩溶液时,为什么不可将溶液蒸干?

3. 如何计算 $CuSO_4 \cdot 5H_2O$ 晶体的理论产量?

 附 录

附录一 实验室常用酸碱指示剂

| 指示剂名称 | 颜色变化 | | 碱色 | 配制方法 | 用量/（滴/10ml 试液） |
	酸色	变色范围			
百里香酚	红	黄	1.2~2.8	0.1%的20%乙醇溶液	1~2
甲基黄	红	黄	2.9~4.0	0.1%的90%乙醇溶液	1
甲基橙	红	黄	3.1~4.4	0.05%的水溶液	1
溴酚蓝	黄	蓝紫	3.0~4.6	0.1%的20%乙醇溶液	1
甲基红	红	黄	4.2~6.2	0.1%的60%乙醇溶液	1
溴百里酚蓝	黄	蓝	6.2~7.6	0.1%的20%乙醇溶液	1
中性红	红	黄	6.8~8.0	0.1%的60%乙醇溶液	1
酚红	黄	红	6.7~8.4	0.1%的60%乙醇溶液	1
酚酞	无色	红	8.0~10.0	0.5%的90%乙醇溶液	1~3
百里酚酞	无色	蓝	9.4~10.6	0.1%的90%乙醇溶液	1~2
茜素黄	黄	紫	10.1~12.1	0.1%的水溶液	1
1,3,5-三硝基苯	无色	蓝	12.2~14.0	0.18%的90%乙醇溶液	1~2

附录二　实验室常用缓冲溶液

pH 值	配制方法
3.6	16g NaAc·$3H_2O$ 溶于适量水中,加 6mol/LHAc 268ml,加水稀释至 1 000ml
4.0	40g NaAc·$3H_2O$ 溶于适量水中,加 6mol/L HAc 268ml,加水稀释至 1 000ml
4.5	64g NaAc·$3H_2O$ 溶于适量水中,加 6mol/L Hac 136ml,加水稀释至 1 000ml
5.0	100g NaAc·$3H_2O$ 溶于适量水中,加 6mol/L HAc 68ml,加水稀释至 1 000ml
5.7	200g NaAc·$3H_2O$ 溶于适量水中,加 6mol/L Hac 26ml,加水稀释至 1 000ml
7.0	0.1mol/L NaOH 9.63ml,加入 50ml 0.1mol/L KH_2PO_4,再加水稀释至 500ml
7.5	120g NH_4Cl 溶于适量水中,加 15mol/L 氨水 2.8ml,加水稀释至 1 000ml
8.0	100g NH_4Cl 溶于适量水中,加 15mol/L 氨水 7.0ml,加水稀释至 1 000ml
8.5	140g NH_4Cl 溶于适量水中,加 15mol/L 氨水 8.8ml,加水稀释至 500ml
9.0	70g NH_4Cl 溶于适量水中,加 15mol/L 氨水 48ml,加水稀释至 1 000ml
9.5	60g NH_4Cl 溶于适量水中,加 15mol/L 氨水 130ml,加水稀释至 1 000ml
10.0	54g NH_4Cl 溶于适量水中,加 15mol/L 氨水 394ml,加水稀释至 1 000ml
10.5	18g NH_4Cl 溶于适量水中,加 15mol/L 氨水 350ml,加水稀释至 1 000ml

附录三　实验室常用酸碱的浓度

试剂名称	密度/g·ml^{-1}(20℃)	质量分数/%	物质的量的浓度/mol·L^{-1}
浓盐酸 HCl	1.19	37.23	12
浓硝酸 HNO$_3$	1.40	68	15
浓硫酸 H$_2$SO$_4$	1.84	98	18
浓醋酸 HAc	1.05	99	17
浓磷酸 H$_3$PO$_4$	1.69	85	14.7
浓氢氟酸 HF	1.15	48	27.6
高氯酸 HClO$_4$	1.12	19	2
浓氨水 NH$_3$·H$_2$O	0.90	25~27	15
氢氧化钾 KOH	1.25	26	6
氢氧化钠 NaOH	1.22	20	6
氢氧化钠 NaOH	1.09	8	2

附录四 实验室常用试剂的配制

试剂名称	浓度	配制方法
氯化铵 NH_4Cl	1mol/L	溶解 53.5g NH_4Cl,用水稀释至 1 000ml
硝酸铵 NH_4NO_3	1mol/L	溶解 80g NH_4NO_3,用水稀释至 1 000ml
硫酸铵 $(NH_4)_2SO_4$	1mol/L	溶解 132g $(NH_4)_2SO_4$,用水稀释至 1 000ml
氯化钾 KCl	1mol/L	溶解 74.5g KCl,用水稀释至 1 000ml
碘化钾 KI	1mol/L	溶解 166g KI,用水稀释至 1 000ml
铬酸钾 K_2CrO_4	1mol/L	溶解 194g K_2CrO_4,用水稀释至 1 000ml
高锰酸钾 $KMnO_4$	0.1mol/L	溶解 16g $KMnO_4$,用水稀释至 1 000ml
铁氰化钾 $K_3Fe(CN)_6$	1mol/L	溶解 329g,加水稀释至 1 000ml
亚铁氰化钾 $K_4Fe(CN)_6 \cdot 3H_2O$	1mol/L	溶解 422.4g $K_4Fe(CN)_6 \cdot 3H_2O$,加水稀释至 1 000ml
醋酸钠 NaAc $\cdot 3H_2O$	1mol/L	溶解 136g NaAc $\cdot 3H_2O$,加水稀释至 1 000ml
硫代硫酸钠 $Na_2S_2O_3 \cdot 5H_2O$	0.1mol/L	溶解 24.82g $Na_2S_2O_3 \cdot 5H_2O$,加水稀释至 1 000ml
磷酸氢二钠 $Na_2HPO_4 \cdot 12H_2O$	0.1mol/L	溶解 35.82g $Na_2HPO_4 \cdot 12H_2O$,加水稀释至 1 000ml
碳酸钠 Na_2CO_3	1mol/L	溶解 106.0g Na_2CO_3,加水稀释至 1 000ml
硝酸银 $AgNO_3$	0.1mol/L	溶解 17.0g $AgNO_3$,加水稀释至 1 000ml
氯化钡 $BaCl_2 \cdot 2H_2O$	25%	溶解 250g $BaCl_2 \cdot 2H_2O$,稀释至 1 000ml
氯化钡 $BaCl_2 \cdot 2H_2O$	0.1 mol/L	溶解 24.4g $BaCl_2 \cdot 2H_2O$,加水稀释至 1 000ml
硫酸亚铁 $FeSO_4 \cdot 7H_2O$	1mol/L	用稀硫酸溶解 278g $FeSO_4 \cdot 7H_2O$,加水稀释至 1 000ml
氯化铁 $FeCl_3 \cdot 6H_2O$	1mol/L	用浓盐酸溶解 270g $FeCl_3 \cdot 6H_2O$,加水稀释至 1 000ml
醋酸铅 $Pb(Ac)_2 \cdot 3H_2O$	1mol/L	溶解 379g $Pb(Ac)_2 \cdot 3H_2O$,加水稀释至 1 000ml
硫酸锌 $ZnSO_4 \cdot 7H_2O$	饱和	溶解 900g $ZnSO_4 \cdot 7H_2O$,加水稀释至 1 000ml
硫酸锌 $ZnSO_4 \cdot 7H_2O$	0.1mol/L	溶解 28.7g 固体于水中,加水至 1 000ml
过氧化氢	3%	将 10ml 30%过氧化氢用水稀释到 1 000ml
氯水	饱和	通 Cl_2 于水中至饱和为止
碘溶液	0.01mo/L	溶 1.3g 碘与 3g KI 于少量水中,加水稀释至 1 000ml
邻二氮菲	0.5%	溶解 115g HgI_2 和 80g KI 于水中,加水稀释至 500ml
丁二酮肟	1%	溶解 1g 丁二酮肟于 100ml 95%乙醇中

附录五　常见的离子和化合物的颜色

离子	颜色	化合物	颜色	化合物	颜色
$[Ag(NH_3)_2]^+$	无色	$Ag_2O(s)$	棕黑	$K_2SO_3(s)$	白色
$[Ag(S_2O_3)_2]^{3-}$	无色	$Ag_2S(s)$	灰黑	$KOH(s)$	白色
Co^{2+}	桃红	$AgSCN(s)$	无色	$KBr(s)$	白色
$[Co(CN)_6]^{3-}$	紫色	$AgBr(s)$	淡黄	$KNO_2(s)$	白或微黄色
$[Co(NH_3)_6]^{2+}$	橙黄	$AgCl(s)$	白色	$KI(s)$	白色
$[Co(NH_3)_6]^{3+}$	酒红	$AgI(s)$	黄色	$KIO_3(s)$	白色
$[Co(NO_2)_6]^{3-}$	黄色	$Ag_2CrO_4(s)$	砖红	$KCN(s)$	白色
CrO_4^{2-}	橘黄色	$Ag_2Cr_2O_7(s)$	无色	$K_3Fe(CN)_6(s)$	宝石红
$Cr_2O_7^{2-}$	橘红色	$AgNO_3(s)$	无色	$K_4Fe(CN)_6(s)$	黄色
$[CuCl_4]^{2-}$	黄色	$Al(OH)_3(s)$	白色	$Ni(OH)_2(s)$	苹果绿
$[Cu(OH)_4]^{2-}$	蓝色	$As_2O_3(s)$	白色	$NiSO_4(s)$	翠绿
$[Cu(NH_3)_4]^{2+}$	深蓝色	$BaCl_2(s)$	白色	$NiCl_2(s)$	绿色
Fe^{3+}	浅紫	$BaCrO_4(s)$	黄色	$NiS(s)$	黑色
$[Fe(CN)_6]^{3-}$	无色	$Ba(OH)_2(s)$	白色	$Pb(Ac)_2(s)$	无或白色
$[Fe(CN)_6]^{3-}$	黄色	$BaSO_4(s)$	白色	$PbCrO_4(s)$	橙黄
$[HgCl_4]^{2-}$	无色	$Ca(ClO)_2(s)$	白色	$PbCl_2(s)$	白色
$[HgI_4]^{2-}$	无色	$Ca_3(PO_4)_2(s)$	白色	$K_2CrO_4(s)$	柠檬黄
Mn^{2+}	浅粉色	$CaHPO_4(s)$	白色	$KSCN(s)$	无色
MnO	紫色	$Ca(H_2PO_4)_2(s)$	无色	$KMnO_4(s)$	紫色
MnO	绿色	$CaCO_3(s)$	白色	$K_2S_2O_3(s)$	无色
$[Ni(CN)_4]^{2-}$	无色	$CaCl_2(s)$	白色	$K_2Cr_2O_7(s)$	橘红
$[Ni(NH_3)_6]^{2+}$	紫色	$CaSO_4(s)$	白色	$K_2MnO_4(s)$	绿色
SCN^-	无色	$CaCrO_4(s)$	黄色	$K_2SO_4(s)$	无或白色
$[Zn(NH_3)_4]^{2+}$	无色	$CdCl_2(s)$	无或白色	$KNO_3(s)$	无色
Na^+	无色	$CdS(s)$	淡黄	$MgSO_4 \cdot 7H_2O(s)$	白色
K^+	无色	$CoSO_4(s)$	红色	$MnSO_4(s)$	淡红
NH_4^+	无色	$CdCl_2 \cdot 6H_2O(s)$	粉红	$MnS(s)$	浅红
Al^{3+}	无色	$Cu_2S(s)$	蓝~灰黑	$MnCl_2(s)$	淡红
Cu^{2+}	蓝色	$Cu_2O(s)$	红棕	$MnO_2(s)$	紫黑
Cr^{3+}	绿色	$CuO(s)$	黑色	$NaHCO_3(s)$	白色

续表

离子	颜色	化合物	颜色	化合物	颜色
CrO_2^-	亮绿色	$Cu(OH)_2(s)$	蓝色	$Na_2CO_3(s)$	白色
Ni^{2+}	绿色	$CuSO_4(s)$	灰白	$Na_2CO_3 \cdot 10H_2O(s)$	无色
Mg^{2+}	无色	$CuSO_4 \cdot 5H_2O(s)$	蓝色	$NaCl(s)$	白色
Ca^{2+}	无色	$CuS(s)$	黑色	$Na_2CrO_4(s)$	黄色
Co^{2+}	桃红	$NH_4F(s)$	白色	$Na_2Cr_2O_7(s)$	橙红
Fe^{2+}	绿色	$(NH_4)_2HPO_4(s)$	白色	$NaF(s)$	无色
Fe^{3+}	淡紫色	$(NH_4)H_2PO_4(s)$	白色	$NaI(s)$	白色
		$(NH_4)_2SO_4(s)$	无色	$NaAc(s)$	白色
		$NH_4SCN(s)$	无色	$Na_2S_2O_3(s)$	白色
		$NH_4Cl(s)$	白色	$Na_2HPO_4(s)$	无色
		$NH_4Br(s)$	白色	$NaH_2PO_4(s)$	无色
		$Cr(OH)_3(s)$	灰绿	$Na_3PO_4(s)$	无色
		$Cr_2O_3(s)$	亮绿	$Na_2SO_4(s)$	无色
		$CrCl_3(s)$	暗绿	$Na_2SO_4 \cdot 10H_2O(s)$	无色
		$FeCl_3(s)$	暗红	$Na_2S(s)$	无色
		$Fe(OH)_3(s)$	红~棕	$Na_2SO_3(s)$	白色
		$Fe_2O_3(s)$	红棕	$Na_2B_4O_7(s)$	白色
		$Fe_2S_3(s)$	黄绿	$NH_4NO_3(s)$	无或白色
		$FeCl_2(s)$	灰绿	$(NH_4)_2S_2O_8(s)$	白色
		$FeSO_4 \cdot 7H_2O(s)$	蓝绿	$PbSO_4(s)$	白色
		$FeS(s)$	黑色	$PbS(s)$	黑色
		$HgNH_2Cl(s)$	白色	$Pb(NO_3)_2(s)$	白或无色
		$Hg_2Cl_2(s)$	白色	$PbO_2(s)$	深棕
		$HgI_2(s)$	猩红	$SnS(s)$	棕色
		$Hg(NO_3)_2 \cdot H_2O(s)$	无或微黄	$SnCl_4(s)$	无色
		$HgO(s)$	亮红	$SnCl_2(s)$	白色
		$Hg(NO_3)_2(s)$	无色	$ZnS(s)$	白或淡黄
		$HgS(s)$	黑色	$HgCl_2(s)$	白色
		$HgS(s)$	红色	$Hg_2I_2(s)$	亮黄
		$KCl(s)$	无或白色	$H_2O_2(l)$	无色

参考书目

［1］彭晓霞．大学化学实验．兰州：兰州大学出版社，2010．

［2］王兴民，李铁汉．基础化学实验．北京：中国农业出版社，2006．

［3］铁步荣，贾桂芝．无机化学实验．北京：中国农业出版社，2009．

［4］王传胜．无机化学实验．北京：化学工业出版社，2009．

［5］华东理工大学无机化学教研组．无机化学实验．北京：高等教育出版社，2007．

［6］朱玲，徐春祥．无机化学实验．北京：高等教育出版社，2005．